普通高等教育"十三五"规划教材

皮具设计与样板制作

PIJU SHEJI YU YANGBAN ZHIZUO

金　花◎主　编

徐晓斌◎副主编

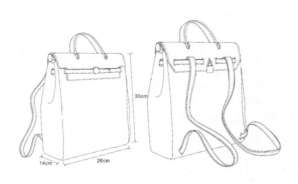

中国轻工业出版社

图书在版编目（CIP）数据

皮具设计与样板制作 / 金花主编. —北京：中国轻工
业出版社，2017.8
普通高等教育"十三五"规划教材
ISBN 978-7-5184-1441-3

Ⅰ.①皮… Ⅱ.①金… Ⅲ.①皮革制品 – 手工艺品 – 制作–高
等学校–教材 Ⅳ.① TS56

中国版本图书馆CIP数据核字（2017）第136701号

责任编辑：李建华　　责任终审：滕炎福　　整体设计：锋尚设计
策划编辑：李建华　　责任校对：吴大鹏　　责任监印：张　可

出版发行：中国轻工业出版社（北京东长安街6号，邮编：100740）

印　　刷：北京顺诚彩色印刷有限公司

经　　销：各地新华书店

版　　次：2017年8月第1版第1次印刷

开　　本：787×1092　1/16　印张：13.25

字　　数：310千字

书　　号：ISBN 978-7-5184-1441-3　定价：48.00元

邮购电话：010-65241695

发行电话：010-85119835　传真：85113293

网　　址：http://www.chlip.com.cn

Email：club@chlip.com.cn

如发现图书残缺请与我社邮购联系调换

170140J1X101ZBW

我国皮具行业发展迅速，国际化程度高，皮具产品已经成为我国皮革行业出口的主力商品，成为拉动当地经济发展、吸纳劳动力就业的产业。为了适应我国皮具行业蓬勃发展的需要，近年来，一些高等院校纷纷开设了皮具专业方向课程，企业也希望高校培养出一批高素质的优秀皮具设计师。因此，为了满足高等院校培养人才的需要，结合我国皮具行业的实际技术水平，总结多年来的教学经验，我们编写了本书。

皮具设计的重点不仅在于产品的款式设计开发，更重要的在于不同结构的打板与制作。本书以手袋的设计元素和不同款式包体打板方法为主线，分为两篇。第一篇为皮具设计基础，对皮具效果图涉及的素描、色彩、图案等元素进行详细阐述，并对皮具的材料设计作了简要介绍。第二篇为皮具样板设计，选取六大包体不同结构的男式包、女式包、学生包、小型包的典型款式进行样板设计，对于每一种结构的包体进行单元归类阐述，突出设计规律性，简化经验数据对设计思维的约束，目的是通过理论与实践教学，使学生掌握皮具、手袋结构设计、打板的原理和方法。

本书由温州职业技术学院金花主编，浙江工贸职业技术学院徐晓斌副主编，山东齐鲁工业大学王立新教授主审。第一章、第三章、第五章至第八章由金花编写；第二章、第九章由重庆工贸职业技术学院王育星编写；第四章、第十章由徐晓斌编写。最后全书由金花负责统稿。

本书可作为高等院校皮革制品专业的教材，也可以作为各类皮具培训机构、皮具和手袋企业等设计人员的参考书。

由于作者初次编写教材，学识疏浅，时间仓促，难免有遗漏、错误之处，欢迎专业院校师生及广大读者批评指正。

编者
2017.5.19

目录
Contents

第一篇　皮具设计

皮具即箱和包（手袋）。皮具设计是一种创造性的活动，包括思维和物化两个过程。同时，皮具是属于服饰产品范畴的一种时尚产品，不仅要求有良好的使用功能性，而且必须具有一定的艺术观赏性，是艺术和技术的结合，是工艺与设计对接的一门学科。皮具产品的设计包括造型设计、材料设计、色彩设计、工艺设计、装饰设计等。

因此，皮具设计师应具备多方面的素养和知识，对皮具产品相关知识进行全方位的了解、掌握，从而更好、更完善地表达设计主题。

皮具的种类繁多，用途广泛，个性形体差异非常明显，创意构思也多种多样，从而使皮具的设计变得错综复杂。

材料的设计与选用也是皮具设计的基础，天然皮革、人造革以及合成革是皮具制品的主要面料，它们的性能各是什么？风格特点怎样？只有了解了这些才能更好地应用皮革材料，设计出既符合面料材质自身特点又迎合市场需求的时尚产品，而如何将各个零碎部件制作成产品的制作工艺设计，同样是非常重要的，不懂工艺制作技术的设计师，其设计作品中往往存在不同程度的缺陷。

随着经济发展和人们思想意识的转变及对生活品位追求的不断提高，我国的皮具产品设计水平也有了很大的改观和提高，对色彩设计、工艺设计、装饰设计等设计含量高的产品的需求也越来越大。因此，皮具设计的重要性已被越来越多的企业所重视，专业设计人才的需求量也越来越大，而且，在当今社会，新思潮层出不穷，产品更新换代迅速，皮具也不例外，随着服装的流行趋势不断变化，呈现出活跃的景象，成为服饰整体中不可缺少的一部分，更是"点睛之笔"。

第一章

皮具设计概述

✏ **本章提要**

　　本章主要概述皮具设计前期方面的设计基础和速写、设计素描在皮具设计上的应用等相关内容。

✏ **学习目标**

1. 认识和理解皮具素描设计基础的意义和作用。
2. 认识和理解皮具设计对速写和设计素描的要求或遵循的原则。
3. 掌握皮具素描设计基础、皮具速写、设计素描在皮具设计中的运用。

　　皮具设计属艺术实用设计范畴，涉及平面构成、立体构成、色彩构成这三大构成的基础理论，"三大构成"是艺术设计的必修课，也是皮具造型设计的基础理论之一。其中包括款式效果和工艺结构图的表现技法。

　　皮具美术设计以素描、速写、色彩、图案等美术基础素质要球，绘图时要充分表现皮革材料的光泽和质地，可以使用艺术夸张和艺术变形。而对皮具各个部分结构的把握是结构图绘制的基础。

第一节

皮具素描设计基础

　　广义上的素描，泛指一切单色的绘画；狭义上的素描，专指用于学习美术技巧、探索造型规律、培养专业习惯的绘画训练过程。美术是表现事物的一种手段。美术的基础是造型，艺术造型是人按照自然方式进行的复杂劳动，是一项需要长期训练才能形成的特殊技能。艺术造型不只是塑造孤立静止的物体形态，更重要的是表现物体中各种形式的有机关系。掌握艺术造型的方法，需要返回到人的自然思维方式和操作方式，需要研究自然物体的形式特点和认识它的变化规律及条件。素描是解决这些造型问题的最佳途径，这在艺术造型的实践中得到了完全证明，因此，素描被称为"造型艺术的基础"。素描是其他艺术的必然基础，尤其是对于水彩、油画、版画、雕刻（浮雕），对皮具设计者，是画效果图的必要基础。

一、素描的概念

　　传统素描一般指用传统工具以线条或面（块）来忠实地描绘对象物体形象的绘画方式。主要是对对象的形体空间、块面结构、质感与量感、调子与色彩、明暗与虚实、动态与静止等因素的表现。传统素描主要是在绘画艺术领域内的素描，强调的主要是"以单色线条或块面进行造型的绘画形式"，强调了素描的表象性、客观性、直接性、简单性和广义性的特征。

　　但随着新方法、新学科、新思潮、新美学的发展，素描在知识结构、认知观念和学习方法上发生了深刻的变化。特别是20世纪以来，伴随着全球经济一体化和信息化时代的到来，社会文化结构和市场结构巨变，素描的内涵也在不断地发生变化，形成了以现代意识为主体的现代素描。

　　现代素描是指在传统素描的基础上，运用现代技法、富有创造性地描绘表现对象物体的形象。现代素描具有创造性、实用性、专业性和审美性等特点。

　　素描按其功能，一般可分为两大类：表现性素描和研究性素描。

　　表现性素描也称为创作性素描，包括画家创作的素描作品、画家为创作其他美术作品而作的写生素材与素描搞，以及具有独特风格和艺术表现力的素描、速写写生作品。此类素描主要在于作者表达了对事物的独特认识与感受，有较多的表现性和创造性因素，有独立的审美价值。

研究性素描也称为习作性素描，一般指作为美术基础训练，提高造型能力的素描写生、临摹及速写练习。研究性素描的目的在于学习研究和掌握素描造型的基本规律与表现技法，为造型艺术打下扎实的基础。我们把这类素描作为美术基础的重要部分，所以也称为基础素描。

二、工具及使用

素描的语言表现可以是多方面的，这不仅体现在绘画的方法、形式美的表达上，也体现在材料工具的运用上。素描的工具种类很多，如铅笔、炭笔、木炭条、粉笔、炭精棒、钢笔、橡皮、画板、画夹、画纸等；也有用钻子和金刚石作画的。工具的不同关系着素描的性质和构图，工具也能影响画家的情绪和技巧。

1. 铅笔

美术铅笔的铅芯有不同等级的软硬区别。硬度以"H"表示，如：1H、2H、3H、4H等，前边数字越大，硬度越强，即色度越淡；软度以"B"表示，如：1B、2B、3B、4B、5B、6B等，数字越大软度越强，色度越黑；对于初学绘画的可从HB到4B中选择三种类型就可以了。如图1-1-1所示为绘图专用铅笔HB。

图 1-1-1　绘图铅笔

2. 炭笔

炭笔也是常用的速写工具，炭笔的主要原材料是木炭粉。有些炭笔带有木炭的赭褐色，一般为黑色。其表面比较粗糙，不反光，比较适合画涩的线条，线条力度感较强，能擦出不同的纹理和肌理效果，所以炭笔的表现力很强。但是炭笔在纸张上画出笔迹有着较强的附着力，用橡皮不容易擦掉，难修改。由于炭笔表面粗糙，而且绘画时力度掌握不好还容易破坏纸张表面，当然用好了也是一种不错的表现手法。其用法和铅笔相似。如图1-1-2所示为绘图炭笔。

图 1-1-2　绘图炭笔

3. 木炭条

木炭条是用树枝烧制而成的，色泽较黑，质地松散，附着力较差，而且容易擦掉，可以反复修正，降低了对画纸的损坏。木炭条画完成后需喷固定液，否则极易掉色破坏效果。如图1-1-3所示为绘图木炭条。

图 1-1-3　绘图木炭条

4. 炭精棒

炭精棒常见的有黑色和赭石色两种，质地较木炭条硬，附着力较强。如图1-1-4所示为绘图炭精棒。

图 1-1-4　绘图炭精棒

5. 钢笔

绘图所用钢笔是一种专用钢笔。使用日常书写的钢笔绘画也可以，一般都做一点加工，将钢笔尖用小钳子往里弯30°左右，令其正写纤细流利，反写粗细控制自如。如图1-1-5所示为绘图专用钢笔。

6. 橡皮

画画用的橡皮一般常用的有绘图橡皮和橡皮泥，橡皮泥较适合调整画面，而绘图橡皮则擦得干净。如图1-1-6所示为绘图专用橡皮。

图 1-1-5　绘图专用钢笔

7. 画板和画夹

画板和画夹都有不同的型号，大小可随自己的画幅而定，初学者选用590mm×440mm的合适。画板比较坚固耐用，画夹则方便携带，是外出写生的好帮手。如图1-1-7所示为绘图画板。

8. 画纸

纸张大致有手工纸、机制纸之分，机制纸又有冷压纸面、热压纸面之分。通常使用的水彩纸、素描纸就属于冷压纸类，它吸水性较好。我们看到的一些漂亮的钢笔画则多绘制在一些表面坚硬、平滑的纸面上，而这类纸则是热压纸张。不同纸质的选择，对于绘画者来说既有了丰富的选择余地又是新的挑战。

图 1-1-6　绘图专用橡皮

图 1-1-7　绘图画夹

绘画所用的纸张品种繁多，通常选择纸面不太光滑且质地坚实的素描纸最佳，素描纸的附铅性强，且质地坚实，可反复擦改，不易损坏纸面。绘制箱包效果图通常用8K纸。如图1-1-8所示为4K、250g/m²绘图纸。

图1-1-8　绘图纸

三、目的与要求

素描作为一种造型语言，是一种高品位的艺术表现形式。素描包含了几乎所有的造型要素，有着丰富的审美内涵和独特的艺术品格。素描的个性、情感、节奏以及有生命力的线条是构成素描之美的特质，毋庸置疑，素描具有其他造型艺术无法代替的审美价值。

素描为一门独立的艺术，具有独立的地位和价值；素描是其他艺术的必然基础，尤其是对于水彩、油画、版画、雕刻（浮雕），另外对平面设计，它是画草图的必要基础。素描是绘画艺术造型语言的基础，除了色彩方面的内容外，素描包含了绘画造型艺术之外的一切基本法则、规律和要素。因而，对造型的基础训练来讲，素描可提供认识论和方法论的研究内容。素描是绘画领域中一种独立的表现手段和艺术样式，是一个独立的画种。写实素描帮助我们解决造型艺术中诸多最为基本的问题，告诉我们如何画出你所看到的东西，如何去表现自己想要表现的富于感染的内容。

素描也可以作为复制或摹写的基础，但以它的性质而言，它是独特的。虽然各种艺术不一定都要先绘出素描稿，但素描却是一切观赏艺术的基础。在作画时往往预先勾出轮廓作为草稿，然后用色彩渲染。当艺术作品完成时，素描稿常被淹没或销毁。因此，素描只是一种技术准备。

到14世纪末，素描不再仅是附属品，而成为一门独立的艺术。它有着广泛的表现范畴、表现体积、空间、深度、实质和质感。文艺复兴以后，素描已不仅只有实用地位，而是成为能代表人类创作能力的艺术品。

素描训练对于学艺术设计的人来说都很重要，学习素描要注意实践环节的把握，要尽量细致地研究物象，分析和多角度地观察，从心里真正地去体会他们中间存在的美的结构关系和美的规律。

素描是思维方式和观察方式二合一的训练方式，是通过一定的媒介和表现技法完成的。素描的主要目的是培养视觉的敏锐反应，增强接受视觉信息的能力，即敏锐的感受能力（眼）；培养分析、洞悉、理解的心智思维，形成对事物的特征的深刻把握，即富于心智的认识能力（脑）；培养应用和开发想象的能动性，形成对未知领域的自觉探求，即创造意识（心）；培养技能的熟练掌握，达到对于视觉信息的有效表达，即富于技能的适应能力（手）。

四、线条的运用

1. 不同线条的特点

线条是组成各种面和体的几何元素，每一种线条都会给人不同的感觉，"惹"出无数的"是非曲直"。

直线：能给人严格、刚毅、挺拔、坚硬、稳定、明快、正直、力量的感觉。粗直线有厚重、稳定、沉着、强壮、僵硬之感；细直线有敏锐、柔和、纤弱之感。

垂直线：含奋发、进取感，给人以严正、刚强、硬直、挺拔、高大、向上、雄伟、直接、单纯、崇高、肃穆等感受，如果垂直线伸向高处，那么它们显示出一种满怀热望、不断挑战和超越一切的力量。

水平线：具有稳重、安详、宁静、平稳、安定、永久、平和、松弛感，产生这些感觉是由于水平线符合均衡原则。

斜线：有不稳定、运动、倾倒的感觉。向外倾斜，可引导视线向无限深远的地方发展；向内倾斜，可把视线向两条斜线相交点处引导。

曲线：一般的表现效果是优美、轻盈、典雅、柔弱、轻浮、幽雅、丰满，常用来象征女性的性格，创造阴柔美象。

几何曲线：包括弧线、抛物线、双曲线等。

抛物线：有流动的速度感。

双曲线：有对称美和流动感。

波浪线：给人流畅自如、上下起伏的感觉。

自由曲线：柔软流畅、运动、温和、活泼、自由，有奔放的感觉，具有音乐旋律的优美。

蜗曲线：给人逐渐缩小或舒展的感觉。

弧线：给人一种和谐、畅顺、有节制、恰到好处、带有张力和想象力美感的感觉。

折线：其实是直线的转折，一般表现为运动过程中的起伏、升降、进退和突破，给人一种动态感、方向感和灵巧感，有时也给人紧张、迂回、突然、倾倒的感觉。

依据各类线条的风格，在设计皮具时应根据不同消费者对线条的心理喜好，选择不同的线条及其线条组合。

如图1-1-9所示粗直线、细直线、弧线、虚线表示不同的感情色彩和艺术色彩。

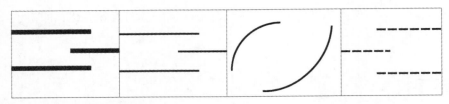

图 1-1-9   各类线条的风格

2．掌握的要点

构图以及造型阶段宁方勿圆。化圆为方，使物体的立体感、体积感更强，并富有力度。始终遵守三寸（约10cm）直线原则，特别在起稿定位阶段，必须用三寸以上的直线，以保证整体把握对象。

3．常见错误

用笔过碎，没有掌握用手腕构型的方法。用笔重，涂得太死。用线条拼凑，整个画面毛糙。线条太死像布纹线，排线不正确，排线距离太大，整个画面过渡不自然，用笔太随意，急于求成。

五、临摹与写生

（一）目的与要求

确切地说，临摹是学习间接经验，是研究领会前人艺术思想和技法的重要途径，它有两个层面：以研究前人的美学思想、艺术观、方法论为目的；以"师古人之心"为宗旨，寻找学艺的途径，为今后的发展，开拓思维，培养艺术思想。通过临摹学习必要的技巧和技能，为今后的发展打下坚定的基础。在临摹学习的过程中要明确学习的目的，不能停留在临摹得是否逼真的程度上，而是要认真地研读大师的作品，在理解的基础上进行临摹。临摹需要做到以下两点。

1．客观逼真的临摹

素描临摹就是学习已有的优秀素描作品中的优秀品质，学习大师们怎样把眼中的自然形象转化为艺术形象，在有限的平面上创造出三维空间和多维空间。

为了获得素描造型的基本能力，提高处理形体结构、空间体积、主次虚实的技巧，通常采用客观逼真的临摹手法，尽可能地从原范本所呈现出来的表现手法和对物象的理解方法以及材料的运用来再现原画。这样的临摹可以使初学者避开个人的表现习惯和理解方法，从用笔特点和作画时的感受等方面来比较与大师们之间的不同。在比较中发现其各自特征，从而获得更加丰富的体验。通过临摹不同风格的优秀素描作品，可以领悟到大师们不同风格的优点，不同的造型意识、表现技法以及对物象的感受、理解和概括表现，在比较中掌握其个性特征、作品的精神内涵，间接获得多种造型思维，不断修正自身的观察方法、理解方式、表现手法等多方面的不足，开阔眼界。

2. 主观能动的临摹

充分发挥主观能动性，以大师的优秀素描作品作为临摹对象，不拘泥于手法和工具材料，以解决不同的问题为前提，初学者可根据自己对作品的理解，不受原作的限制进行临摹。这种素描临摹学习方法的优点是针对不同的学习目的，变通地进行学习，在时间的利用上也比较具有灵活性。例如研究手的造型及风格表现，可选取不同风格大师的多幅作品进行手的局部临摹，不受范本工具材料限制，利用手边最简单的工具，即除铅笔和素描纸外的其他笔种和纸类，随时随地进行临摹，体会不同画家的不周造型特点，研究各种造型方法所表现出的手的不同性格特征。

在经过一段时间临摹，有了一定的造型基础和对大师作品的研读能力后，可以根据自己对作品的见解，有意识地强调夸张原作的某种特性，把自身的见解融入到临摹中，以表达自己的感悟；或者采用不同的表现手法，用线描的办法来临摹，用整合概括的方法来临摹等；或者尝试使用不同的材料，如用毛笔、有色粉笔、炭精条等来临摹，体会不同媒介的变换对作品内在精神表现的影响。

这种临摹方法具有很大的自由性，能够促成初学者对素描认识的提高，对素描的写生和创作都极为有益，能使画者更加主动地学习，提高学习素描的兴趣，可以让初学者寻找自己的表现方法。

正确的理解和对待素描临摹的学习方法是非常重要的。《素描》中的一句话充分表明了素描临摹的重要性，即"由造型模仿的学习进入创造的艺术表达，这具有任何艺术学习过程所无法代替的重要意义"。只有在继承前人的基础上，才有可能发扬创造，推陈出新。而临摹是外师造化的补充，能够使素描学习少走很多弯路，起到事半功倍的效果。

（二）构图分析

构图是创作中的一个重要环节，画面用形象直接展开。

从广义上讲，构图是指形象或符号对空间占有的状况。因此理应包括一切立体和平面的造型，但立体的造型由于视角的可变，使其空间占有状况如果用固定的方法阐述，就显得不够全面，所以通常在解释构图各个方面的问题时，总以平面为主。

从狭义上讲，构图是艺术家为了表现一定的思想、意境、情感，在一定的空间范围内，运用审美的原则安排和处理形象、符号的位置关系，使其组成有说服力的艺术整体。我们还可以从各种形式来了解和掌握构图及其对我们的视觉产生的感受。

从构图的外框形式来看，有圆满的圆形、装饰的菱形、尖锐的三角形、中和的正方形、规矩的长方形（包括横与竖的方向）等。

从构图的景观形式来看，有强烈的大特写、精细的特写、清楚的近景、大致的中景、宽阔的远景、大气的俯视、温和的平视、恭敬的仰视等。

从构图的内容布置形式来看，有流动的S形、动感的V形、曲折的Z形、开放的L形、精美的黄金分割、理性的网格分割等。

（三）构图方法

构图时，画面安排要合理、适当。空间留得过小，所画的对象占据画面面积太大，就使画面太堵、太挤，也容易使观者觉得与对象没有距离，没有空间感。相反，图像在画面上所占据的面积过小，又使画面感觉太空旷。所以画面的上、下、左、右的空间要留得适当，使画面构图饱满，主体突出、均衡，有空间感。构图是对画面内容和形式整体的考虑和安排。构图的原则是，变化中求统一。构图常采用以下两种的形式：

1. 对称式构图

主形置于面面中心，非主形置于主形两边，起平衡作用，底形被均匀分割。对称式构图一般表达静态内容。对称构图的变化样式有：金字塔式构图、平衡式构图、放射式构图等，如图1-1-10至图1-1-12所示。

2. 均衡式构图

主形置于一边，非主形置于另一边，起平衡作用，底形分割不均匀。给人以满足的感觉，画面结构完美无缺，安排巧妙，对应而平衡。均衡式构图一般表达动态内容。其构图的样式有：对角线构图、弧线构图、渐变式构图、S形构图、L形构图等，如图1-1-13至图1-1-17所示。

素描写生构图的应用相对简单，只要将对象的主要部分置于画面中心，将对象整体与边框距离处理得当，背景底形不重复，就是成功的构图。

图1-1-10 金字塔式构图

图 1-1-11　平衡式构图

图 1-1-12　放射式构图

图 1-1-13　对角线构图

图 1-1-14　弧线构图

图 1-1-15　渐变式构图

图 1-1-16　S 形构图

图 1-1-17　L 形构图

（四）掌握要点

初学者在学习构图过程中易犯以下错误：比如养成了从局部入手的观察方法和表现手法单一的毛病。长期的风格形成的思维惰性，即不假思索的机械的临摹，使其绘制出来的作品也是"十画如一画"，并且在构图过程中还存着线条、明暗、质感、形成和构成、空间等表现诸多问题。

1．线条

过于注重线条的排列整齐，而不注重轮廓线的运用，不注重在皮具具体的位置上线条的粗细、虚实变化和空间，不注重对描绘对象的形象具体把握。

2．明暗

在临摹作品的时候，过于注重明暗效果，而忽略了光影明暗对描绘对象的质感、量感、立体感、空间感等多种因素的把握。另外，在表现明暗效果的时候还存在着只注重对局部的刻画和只注重对画面大效果的处理。这两种效果导致了临摹作品出现繁琐杂乱、无重点、整体不统一、空洞无物或缺乏内涵等缺点。

3．质感

不同的材料在绘画的过程中将产生不同的效果和质感。初学者在素描临摹的过程中，盲目地用错误的学习方法来进行素描临摹学习，导致最终效果不佳。存在的一个普遍现象是初学者从学习素描开始就是用一种质感的纸张，在素描临摹的过程中也不例外。在不同的纸张上表现的效果是不同的，导致他们面对不熟悉的纸张而不知所措。而最为严重的是他们不知道不同材料所表现出的效果是什么样的，而导致不能突破表现手法单一的现象。

4．形和构成

无论是在素描写生学习还是在素描临摹的学习中，不注重"形和构成"的初学者是常有的。一些初学者在平常目的素描训练中，由于不注重素描的形和构成，而出现种种不好的画面效果。比如所画的画主题不突出，画面中的主体物在画面中不全或出现画面不稳重等现象。

5．空间

初学者在人物头像素描临摹和静物素描临摹的过程中表现出的问题尤为突出。在静物素描学习过程中初学者不能够很好地把握住前后物体的虚实关系和前后左右关系，他们往往会把物体刻画得同主体物一样细致，使画面中的物体表现不出虚实关系和前后关系，不能表现出二维空间或三维空间。在皮具素描学习中也是如此，初学者往往不能区分主要部件和辅助部件的前后关系，将所有描绘的物体表现到了一个平面中。

从以上各个绘画要素中所表现出来的问题来看，初学者需要加大临摹优秀作品的力度。

（五）常见问题

在皮具设计中不少初学者和在校学生在练习构图中时常出现如下问题：

1. 整体观念不强

由于缺乏长期性作业的训练，在绘制皮具效果图的过程中不是在整体观念的指导下全面推进，而是急于求成，急着出效果。在缺乏整体效果的把握下一味死抠局部，因而造成局部相互之间关系无法很好地衔接。常常一部分已经画得非常突出和完整，而其他部分还是空白，这样的画面效果可想而知。每一个整体都是由若干个局部组成的，没有局部的整体是空洞的、不真实的；同样，没有整体的局部，再精彩、再深入也是毫无意义的。

2. 不理解皮具的结构

我们所看到的物体表面的起伏凹凸、明暗虚实，其实都是因为光线照射在物体上形成的外部表象。要想深入地刻画皮具，必须要研究其内在的结构关系，而不是单纯地描摹表面。

3. 缺乏敏锐的感受

对生活周围的美的东西不善于发现，常常表现出不论画什么款式，最终画的都好像似曾相识。

📝 课后练习

1. 素描工具使用方法练习。
2. 线条临摹写生练习。
3. 素描构图方法及技巧练习。
4. 了解皮具的结构及绘画技法。

第二节

速写

速写不但是造型艺术的基础，也是一种独立艺术的形式，它是用简练的线条在短时间内扼要地画出人和物体的动态或静态形象，一般用于创作的素材。

一、速写的定义

速写在美术学科中是一种快速的写生技法。就像我们在做建筑的时候，需要先设计一个建筑的轮廓，速写也是这个意思，英文为sketch，中文是草图的意思。速写最早出现在18世纪的欧洲，速写在以前是创作前的准备和记录的阶段。随着艺术的发展，速写也成为了美术学习的必学科目。

速写受到作画时间的限制，同时对速写的对象活动特点也有限制。在速写中是以动态的物体作为所做作品的对象，作画者需要在有限的时间内进行分析和思考，做好创作前的思路和轮廓是很重要的，再以综合的方式表现出来，这里就对我们的速写基础和速写思路做出了一个综合的考察。所以，速写是美术科目中的绘画基础课程，也是美术学习的必学科目。

速写不仅可以锻炼我们对生活的洞察力，也能培养绘画概括能力，收集大量的素材，不断地积累速写经验，加深记忆力和默写能力，在不知不觉中也培养了创作力。总而言之，速写是感受生活、记录感受的方式。速写使这些感受和想象形象化、具体化。速写是由造型训练走向造型创作的必然途径。

二、速写的工具

速写对绘画工具的要求不是很严格，一般来说能在材料表面留下痕迹的工具都可以用于速写，比如常用的铅笔、钢笔、炭精棒、木炭条、马克笔、圆珠笔、毛笔等。由于铅笔、钢笔、炭精棒、木炭条在以上素描章节已经介绍，在此不做详细的介绍。

1. 马克笔

马克笔（麦克笔），又名记号笔，笔内本身含有墨水，且通常附有笔盖，一般拥有坚硬的笔头，如图1-2-1所示。通常用来快速表达设计构思以及设计效果图之用。马克笔有单头和双头之分，能迅速地表达效果，是当前最主要的绘图工具之一。

图 1-2-1　马克笔

马克笔可分为水性、油性、酒精性。油性马克笔快干、耐水，而且耐光性相当好，颜色多次叠加不会损伤纸面，柔和；水性马克笔则是颜色亮丽有透明感，但多次叠加颜色后会变灰，而且容易损伤纸面。用沾水的笔在纸上面涂抹，效果跟水彩很类似。有些水性马克笔干掉之后会耐水，所以选择马克笔时，一定要知道马克笔的属性和画出来的效果才行。

酒精性马克笔可在任何光滑表面书写，速干、防水、环保，可用于绘图、书写、标记号、画POP广告等。其主要成分是染料、变性酒精、树脂，墨水具有挥发性，应于通风良好处使用，使用完需要盖紧笔帽，要远离火源并防止日晒。像马克笔这种画具在设计用品店就可以买到，而且只要打开盖子就可以画，不限纸材，各种素材都可以上色。

2. 圆珠笔

圆珠笔是使用干稠性油墨，依靠笔头上自由转动的钢珠带出油墨转写到纸上的一种书写绘画工具，如图1-2-2所示。圆珠笔结构简单，线条自如圆润，油墨难干，有时需要两天。在使用中为避免污迹，完成后要盖干净的白纸加以保护。圆珠笔仅能画出线条，没有过渡的色调变化，只有通过排交叉线来表现色调。

图 1-2-2　圆珠笔

3. 毛笔

以毛笔作速写，不但可以增加毛笔训练时间，而且也有利于用熟、用精、用活毛笔，因为毛笔是诸种练习手段中实践最方便、使用最广泛、技术运用最丰富的一种，如图1-2-3所示。

图 1-2-3　毛笔

三、素描和速写的关系和区别

速写：时间较短、表现方式灵活，重在表现人物的动态、精彩的表情、感人的情景或是一瞬即逝的风景。它训练人的观察力、表现力、记忆力、概括力，是一种很好的练习方式。

素描：广义的素描包括速写。狭义的素描，指时间较长、表现光影效果、透视和虚实现象、表现物体的结构的单色绘画。它训练人的观察力、表现力，对细节的叙述，对画面层次、前后、空间、透视、结构、块面、虚实等都有很精确的要求。

四、速写的种类

1. 直线速写

起形时用直线起形，并要求简单概括，而且形体、结构等都要到位。缺点是画不好就容易呆板缺乏生气。

2. 勾线速写

画线十分肯定，可以从自己最喜欢的地方下笔，或者从头到脚一次性画完。优点是流畅生动，缺点是难度很大，如果画不好线条就容易空洞，没有表现力。并且画时要求十分准确，因此难度较大。

3. 线面速写

绘画时用线面结合的方法来表现对象，一般是亮面贴体的地方线条细硬，虚的地方线条轻且粗，同时在需要转折的大结构之处辅助以不同的面积来增强体积。

4. 明暗速写

大体上与线面速写相同，但区别在于它更深入，形体结构和体积的表现更严谨扎实。由于它用的时间相对于其他几种速写画法来说较少，要求快、准、狠。

五、如何进行速写

速写和素描类似，要学好速写有如下步骤：初学者通过临摹，一方面敢于速写基本样式，学习他人的表现手法，为今后应用储备知识；另一方面临摹可以提高造型能力，特别是手感、笔感。可以吸收中国画白描，学习白描线与形契合用线之道，体会粗线曲直的线形变化以及疏密虚实的节奏控制。最后临摹与写生结合，带着问题去临摹会更有针对性和有效性。

我们既要了解临摹对象的结构，又要有针对性地通过写生了解结构。因此结构的理解和运用必须贯穿速写教育学全过程。

1. 线条为主

线条是速写的主要表现形式，线条概括、直接，能有效避免色素、明暗干扰，抓住对象的本质。在速写过程中，适当辅以明暗，有利于增加层次感和体积感，但要注意明暗不能掩盖线条，否则易空洞，留在表面。

2. 快慢结合

先慢后快、快慢结合是速写应遵循的原则。速写贵在快速，最好一气呵成，但初学者很难做到，所以需要通过慢写过渡。慢写的方式与素描相同，但慢写可以忽略对象的体面和光影，直接勾勒形体，具有一定的速写特性。慢写时间较长，有推敲过程，便于研究，能解决速写中的问题。因此建议慢写和速写交替训练。

3. 分项突破

速写涉及内容多，训练时碰到的问题也很多。对速写中遇到的难点，要安排时间，集中精力，分项突破。对于动态、比例可以通过抓主线进行训练。其中写生后要求学生马上默写内容，可以加深理解，训练记忆力，有利于初学者更好地进行速写。

✎ 课后练习

---

1. 速写工具使用方法练习。
2. 了解临摹对象的结构进行速写练习。
3. 速写线稿技法练习。
4. 根据物体由静到运动的对象进行速写训练。

第三节

设计素描在皮具设计中的应用

一、皮具设计素描的作用和特点

设计素描是以设计概念为先导的造型形式，它是以设计为目的而进行的各种素描写生和素描创作。设计素描讲求科学性，要求将推理和测量结合起来，准确运用透视原理，通过多方位、多视点的立体视角观察和分析对象，用简练准确的线条表现设计对象的形体结构和细节特征。

设计素描跨越了传统意义上的素描概念，不再仅是作为以绘画技艺与表现方法的训练，也不是为了艺术创作而写生或再现物体和收集生活素材，设计素描归纳起来主要有以下几点应注意：

（1）设计素描是设计造型能力的重要环节，是培养设计师将自己的设计构想图像化（基础训练）。

（2）最忌讳的是照相式的记录。要探究对象形体中最根本的构成因素，创作性地运用明确的绘画方式和技巧及基本原理去理解有关形体与空间的问题。

（3）作画前的准备：要有一个清晰的作品概念，将一个复杂的形象剥离、净化成为一个单纯的形体，将一个模糊的形象明确化并赋予次序感。

（4）在作画过程中，将形象种种微小的视觉变化展现在明确的形体上，从而建立实质性的形体与空间。

皮具设计方法是指运用设计语言和设计规律结合皮具实用的特点和要求而展开的设计手段。因此，在进行皮具设计时，决不能随心所欲地将所有设计元素毫无顾忌地堆砌在一起，那样会使设计概念含糊不清、失去意义。在进行皮具创作构思过程中，能够恰到好处地将设计素描运用到皮具设计上显得尤为重要。

设计素描强调科学性和准确性，与生产实际相结合。皮具设计也非常强调设计者的创新能力，是一项对产品的艺术设计。追求个性发展，力图在设计中有所突破，积极寻求新的设计语言和表达方式，以期达到创新、求异、唯美等，这些是皮具设计师孜孜以求的目标，并且，现实的市场规律，也要求设计师追逐流行，努力求新、求异、张扬个性。

皮具设计素描主要是以消费者的审美欣赏水平为依托，通过设计素描表达设计艺术家自身的审美观念，结合皮具产品的实用性、产品的美观度、产品工艺的可行性、产品的经济性、产品的流行性与创造性进行设计。

首先设计师具有为市场服务、为经济发展服务的意识，设计成果最终是要到市场中去检验的，所以皮具设计师从创作的一开始就要考虑作品的功能定位，考虑作品的功用诉求。其次，要明确设计素描是设计皮具的基础，是为设计服务的。再次设计师要以创作性为原则，在学习中提高审美能力，抽象思维与创造性思维能力，激发创作热情和设计灵感，运用夸张、变形、重组等手段找出部件之间的关联性，对皮具的潜在要素进行重组和再创作。

二、皮具结构分析

皮具设计中各种造型要素之间是一种相互制约、相互衔接的关系。不同的款式是由不同材料和色彩加以体现的，不同的造型由不同的设计方法来实现。皮具有规则造型和不规则造型之分。

（一）规则造型

规则造型是以现代美学为出发点，采用纯粹抽象的几何形为主的造型构成手法。规则造型手法具有简练的风格、明晰的条理、严谨的秩序和优美的比例，在结构上呈现数理的模块、部件的组合。从时代的特点来看，规则造型手法是现代皮具造型的主流，它不仅可以利于大工业标准化批量生产，产出经济效益，具有实用价值，在视觉美感上也表现出理性的现代精神。规则造型是从包豪斯年代后开始流行的国际主义风格，如图1-3-1、图1-3-2所示为常见正规造型。

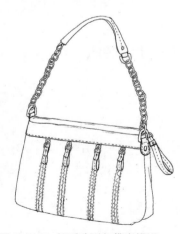

图1-3-1 规则造型包袋

（二）不规则造型

不规则造型是以具有优美曲线的生物形态为依据，采用自由而富于感性意念的三维形体设计手法。造型的创意构思是由优美的生物形态风格和从现代雕塑形式中汲取灵感，包体结构结合PU（聚氨酯）革、人造革、塑料等新兴材料应运而生的。不规则造型有着非常广泛的领域，它突破了自由曲线或直线所组成造型的狭窄单调的范围，可以超越抽象表现的范围，

图1-3-2 规则造型包袋素描图

图 1-3-3　不规则造型包袋　　　　　　　　　　　图 1-3-4　仿生设计手袋素描图

将具象造型同时作为造型的媒介，运用现代造型手法和创造工艺，在满足功能的前提下，灵活地应用到现代皮具造型中，具有独特生动，趣味的效果。如图1-3-3为不规则造型包袋，图1-3-4所示为仿生设计手袋。

三、皮具素描效果图的表现形式

设计师在设计皮具时应大胆地想象，综合各方面因素、多种艺术语言、表现方法，寻找适当的形态组合画面。要多方面、多角度地进行艺术思维，即使是在同一个主题的情况下，也需要考虑不同的、更好的想法。

在皮具造型的三大要素中，款式是首先要考虑的。款式设计起到主体作用，是皮具造型的基本素材，不同的款式需要运用不同的材料。色彩是创造皮具的整体视觉效果的主要因素，从人们对物体的感觉程度来看，色彩常常以不同的搭配在不同的程度上影响着人们的情绪和情感。色彩是创造皮具的整体艺术气氛和审美感受的重要因素，因此，对色彩的运用显得尤为重要。

（一）调色法

调色法是在单一的主色调中逐渐加强色彩和形体塑造，是素描常用的一种造型方法。它强调客观性，主要用明暗对比、色调变化的手段表现对象，画面具有较强的立体感、空间感、深度感。其方法主要是运用调和出来的不同色彩来表现包体的款式，通过色彩的过渡体现包体的层次空间感，同时还要使用一定的技法来表现包体的质感。

1. 构图

以直线为主，用铅笔画出皮具的轮廓，注意各个部位的比例关系及透视关系。

2. 绘制皮具的款式

注意用线要准确。

3. 上色

顺着包体的结构先用笔从暗部色调画起，逐渐推画到亮部色调。如果画浅色的包体，可以从较大面积的中间色调画起，然后加重暗部、提出亮部。注意上色时水粉调和。

4. 深入刻画

包括包体的质感、材质的肌理、线迹、金属扣件等，这时要注意各部分色彩的搭配。

5. 勾划边缘线、结构线

根据面料和款式选择匀线法、细线法。

6. 调整画面整体效果

注意暗部，过渡色及高光部分的色调是否和谐准确。

如图1-3-5所示为水粉调色包的效果图。

图 1-3-5 水粉调色包

（二）彩色铅笔法

彩色铅笔是一种容易掌握的涂色工具，画出的效果以及形状都类似于铅笔。彩色铅笔具有色彩清淡，表现方便、快捷的特点，且易于携带，既可用于收集素材时进行速写表现，也可用于较正式的绘画表现，单独使用或与其他表现工具和方法结合使用，都能产生较为理想的艺术效果。彩色铅笔法用色讲究虚实、层次关系，以表现皮具的立体效果。色彩较多时，应按明度关系由浅及深依次表现。

1. 不溶性彩色铅笔

可分为干性和油性。这种铅笔画出的效果较淡，清晰简单，基本可用橡皮擦去。有半透明的特征，可通过颜色的叠加，呈现出不同的画面效果，是一种较具表现力的绘画工具。

2. 水溶性彩色铅笔

它的笔芯能够溶解于水，遇到水后，色彩晕染开来，可实现水彩般透明的效果。其有两种功能：在没有遇水前和不溶性彩色铅笔的效果是一样的；遇水之后就会变成像水彩一样，颜色鲜艳亮丽，十分漂亮，且色彩很柔和。

3. 普通彩铅

普通彩铅比较常见，它使用方便，色牢度较好，不易退色，但也不容易擦干净，所以起稿时最好先使用软硬合适的素描铅笔，如B或者2B铅笔。普通彩色铅笔的着色较差，没有反光，所以不能一次性将某种颜色涂到理想程度，只能通过多次覆盖将颜色逐渐变浓。同时还要注意用笔的力度不要过大，否则会损伤纸面肌理，形成死板的色面，从而影响画面和效果。彩铅的笔尖还要及时修正。宽扁的笔尖适合粗犷、洒脱的绘画风格，要使画面精致、细腻，笔尖则需要尖锐一些。绘画步骤如下：

（1）构图。以直线为主，用铅笔画出皮具的轮廓，注意各个部位的比例关系及透视关系。

（2）绘画皮具的款式。注意用线要准确。

（3）上调子。所谓调子即通过铅笔排出的细线的深浅变化来表现出皮具的层次感。应该从皮具的明暗交接线和结构线画起。逐渐向暗部、亮部过渡。注意线描得一定要细一些、密一些、短一些。绘画时用小手指指尖支撑起手或者在手的下方垫一张干净的纸以保证画面干净。

（4）强调暗部、亮部（多数情况是上色时留出亮部）的对比。这里的对比不仅是明与暗、虚与实的对比，还包括色相的对比、冷与暖的对比。

（5）调整包体的过渡部分。从暗部到亮部的过渡要均匀，色彩的过渡要柔和。

（6）调整画面整体效果。如果高光不够，可以选择用橡皮擦出来。

如图1-3-6所示为彩铅绘制女式坤包。

设计的思维不仅需要一种全方位、多层次、多视角的观察、想象和创作，而且更需要用多种手段和材料来表达。不仅仅只限于纸张和色彩来进行皮具效果图设计，还可以运用很多其他的设计材料和手段，更好地发挥自己的创造性思维，捕捉到更多的设计灵感，开发探索多种设计表达方法。

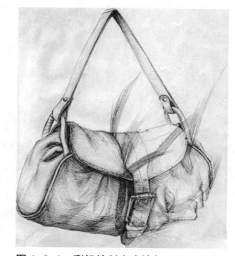

图 1-3-6　彩铅绘制女式坤包

✐ 课后练习

1. 运用设计语言和设计规律展开设计。
2. 观察规则和不规则皮具造型，合理运用色彩进行皮具效果图设计训练。
3. 运用比例和透视的关系进行皮具构图练习。

第二章

皮具图案设计

✏ 本章提要

　　本章主要讲授图案的分类和图案的艺术特征等内容。

✏ 学习目标

1. 认识和理解图案的分类和艺术特征对皮具图案设计的重要意义和作用。
2. 掌握皮具的图案设计并运用。

　　图案作为一门装饰性艺术，从人类的诞生开始一直伴随到今天的社会，在中国已有6000多年的历史。基础图案内容十分丰富，包括传统图案、民间图案、外国图案，各个时期、各国、各民族有代表性的图案等。

　　皮具上的图案均经过精心绘制，并同时进行黑白色调、明亮色调、柔和色调、深沉色调四类色调对比，是一种装饰性与实用性相结合的艺术表现形式，是根据皮具造型特点、色彩、风格及工艺要求所创作的设计方案，它附属于皮具造型。因为有了图案的装饰，皮具设计的创意空间就向外延伸开来，皮具的表面装饰就显得更为重要了。

第一节

图案的分类

一、图案的概念

图案是一种装饰性极强的视觉艺术形式，图案的产生和运用都与人们的生活密切相关。它是把生活中的形象经过艺术加工后使其遵从于一定的审美理念，是艺术性与实用性相结合的产物。对于图案的定义不能局限于美术学的范畴，图案的概念有着多层次的含义，那么，对于皮具图案的范畴也就同样有着丰富的内容。皮具图案主要是作为皮具、与皮具相关的配饰及附属物件的装饰设计，它的主要特点是作为一种附属起到装饰和表现一种审美关系的作用。皮具图案作为图案艺术中的一个相对独立的部分，也有着与传统图案概念不同的范畴，具有其自身特有的特征。

皮具图案是为增强皮具的审美效果而产生和不断发展的。皮具是实用与审美相结合的产物，图案在皮具上的应用十分广泛，图案与皮具的结合体现了人们对皮具的艺术美和皮具的多样化发展的追求。狭义的图案是指纹样，皮具图案的产生是皮具设计或者可以说是皮具文化发展的产物，皮具图案是皮具在实现实用功能外，对美的追求的结果。皮具图案可追溯到最原始的图腾图案，有对神灵的崇拜也有对美的追求，发展到今天，皮具图案的类别与范围已发展得丰富多彩。皮具图案虽然与其他的装饰图案一样都是为了增强事物的美感，有着相通的艺术内涵和美学特征，但与其他装饰图案相比有着不同的特征，皮具图案有它特定的服务对象，因此，工艺、用途、装饰手段有其特殊性。皮具图案从装饰形态上有一定的空间性，可以从平面和立体两种形态来分析。

平面图案是指图案装饰的效果是呈平面的，多指图案纹样的设计运用，这是最常见的运用在皮具上的装饰手段，如刺绣、喷绘、烫金等的修饰。但我们不能忽视一点，也是皮具图案特有的装饰特征——面料表面图案装饰设计。皮具图案大多都是依附于面料上的，而面料本身的图案设计也是皮具图案设计的一部分，皮具离不开面料，皮具设计首先要考虑的也是面料的选择及应用。

立体图案是指皮具上的装饰具有立体的效果，其具有三维空间的立体特征，如包身立体造型、镂空的面料、扣带、包盖、捏褶等的立体装饰设计。

平面和立体图案装饰设计都会给皮具设计带来丰富的、更广阔的设计空间。

皮具图案主要是用于皮具的装饰设计，选材也多是皮具有关的纤维材料。随着时代的发展和科技水平的提高及对皮具美的追求，皮具图案的材质表现与装饰手法也日趋丰富和多样化，现代的高科技材料，一些非纤维材料及一些特殊材质都运用在皮具的装饰图案上。皮具图案的取材也非常广泛，有具象的也有抽象的，有古典的也有现代的，有平面的也有立体的，这些皮具图案在皮具上的应用有很大的表现空间，也为皮具设计者打开思路充分利用皮具图案的多样性进行设计提供了广阔的平台。

二、皮具图案的装饰部位

在皮具图案与皮具相结合时，装饰的位置要有利于体现皮具的美感，也要有利于时尚美的展现。皮具有其特殊结构特点，在皮具的结构中，有一些装饰性较强的部件，如包盖、外袋、开口、包体前扇（前幅）、横头等。在这些部件上进行图案的装饰设计，丰富的细节和恰当的图案设计会给皮具增添很多光彩。在不同的皮具部件上进行图案的装饰设计所体现的审美效果是不同的，这些在部件上的图案设计无论何时都是整体皮具的一部分，应用时要注意与整体皮具的统一与和谐。同时，皮具设计也要注意人体工程学的应用，在为皮具设计图案时也要考虑到皮具图案与人体运动时相互的关系，这样，皮具图案在皮具上的运用才能体现它的完整性和多样性。

三、图案的基本构成分类

（一）具象形态

1. 植物和花卉图案

在中国的传统文化中，花卉图案代表吉祥如意、物丰人和，比如牡丹代表花开富贵、菊花代表人寿年丰、玫瑰代表情投意合。中国人出于对花卉图案的喜爱，将许多的花卉图案用不同的形式、形态点缀在服饰及用品上。在皮具图案创作中，千姿百态的花卉造型及变形，永远是皮具装饰造型表现的主流，其表现形式更趋于多样化，如镂空的蕾丝、塑料或者金属制品等；各种具象的、抽象的花卉图案将成为设计师取之不尽、用之不竭的素材源泉。受形态结构的影响，动物、人物、风景图案在皮具表面图案装饰中应用相对较少。而花卉有很多相同的生长结构，植物枝干和叶茎、花蕾的适当添减不会影响整体造型结构。中国传统的宝相花图案和西方古典装饰中的生命树图案都是由各种各样的植物枝、叶、花、蕾综合而成。

新潮的花卉图案琳琅满目、异彩纷呈。很多取材于民间艺术，形象逼真，民间花卉图案色彩鲜艳，形态万千。民间的手绘图案，花形精致、蜿蜒曲回，花卉的内容仍然保留传统的民俗风格，以具体的花的形态为主，图案丰富；还有花形小、秩序感强的图案，色彩丰富，形态跳跃，如写意的玫瑰花、百合花、郁金香和抽象花卉图案等。

花的形状由单一的花形变换出几何状、条状、点状、心形、叶形、结子等，这些花卉图案有的运用刺绣装饰在皮具上。无论是具有民间服饰图案风格的传统刺绣工艺，还是现代的染色技术，无疑都在影响、表现着花形、花色。传统的花卉图案保持着古香古色的气息，运用到皮具上面，平添了几分雅致和复古情怀；现代花卉的运用，好像如鱼得水，印染在不同质地的皮具织物上，好像激活了花的灵气。

在皮具设计领域，花卉图案备受青睐。随着现代科技的迅速发展，皮具面料中的花卉图案也更加丰富，像提花、晕染效果的图案、水彩风格的大型花卉图案，或整洁或凌乱地搭配；面料的推陈出新，大大改变了花卉图案的尴尬，以前一些不能实现的花形，在现代技术的加工下，都表现得淋漓尽致。大量的色织提花、套色交织、平纹印花技术，对于花卉的描述充分并且生动；在花形方面，打破了传统花卉的旧手法，粗细的变化表现花卉的婀娜，深浅的变化表现花卉的立体形式。抽象花卉图案的创新，摆脱了时代的束缚，在现代技术的辅助下，尽显前卫的风采；另外，现代的珠绣技术，更是将花卉包装得富贵典雅，亮闪闪的珠花、绣片、金属丝线，使得服装金碧辉煌。可见，运用于服装纺织中的创新技术为皮具面料设计提供了丰富的表现形式。

花形的组织结构，无论拆散还是组合都非常方便，从花头、叶片甚至花瓣失去某一部分是不会影响整体结构的，对花形进行各种"移花接木"式的处理，即或删减添加，或重新组合（花中套叶、叶中套花），都不至于削弱或破坏花的一般结构特征和基本形象。

如图2-1-1为植物和花卉图案的应用。

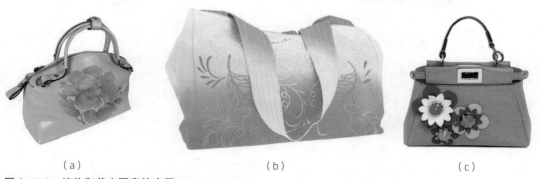

（a）　　　　　　　　　　（b）　　　　　　　　　（c）

图2-1-1　植物和花卉图案的应用
（a）牡丹花图案　（b）植物图案　（c）立体花图案

2. 动物图案

在皮具装饰中，动物图案的应用虽属常见，却不如花卉图案那样广泛，这是由于动物形象自身特点所决定的。动物图案不适宜作随意的分解组合（即便有，也要结合一定的寓意和得到人们的认可、共识），而且动物体具有明确的方向性，因此其构成图案的灵活度不如花卉。动物皮毛上的斑纹也是塑造图案形象的极好素材，巧妙利用可使皮具图案更加丰富而且具有特色，现代皮具流行以动物皮毛的斑纹作图案装饰，给人以新颖别致、贴近自然之感，皮具面料中常见的有斑马纹、豹皮纹、虎皮纹、斑点狗皮纹、鳄鱼皮纹、蛇皮纹等。动物图案也有各种生动的立体动物形体。奇异的色彩、特殊的结构、多变的形态、迷人的神情等是动物图案变化的重点。如图2-1-2为动物图案的应用。

图 2-1-2　动物图案的应用
（a）飞鸟形体　（b）刺猬形体　（c）虎纹面料　（d）斑马纹图案　（e）蟒蛇纹图案

3. 风景图案

风景图案，它既尊重自然法则和生活逻辑，又尊重美的心灵尺度，既富于意境和情感又注重形式创造，自然之美在这里得到形式美的诠释，变得更为简洁、典型，是一个浪漫而又真实如童话般美的世界。风景图案在皮具上的应用相对较少，一般出现在休闲布袋和一些展示性提袋上，皮具中的风景图案大多经过高度提炼、归纳和重新组织。如图2-1-3为风景图案的应用。

图 2-1-3　风景图案的应用
（a）水底世界图案　（b）星空图案

4. 人物图案

图案中人物造型的装饰手法十分多样：简化、夸张、添加、组合、分解重构、变异等无所不有，有的将人物简化到单纯的剪影或几根线条，有的竭力夸张变形，追求趣味。更有将嘴唇、眼睛、手印、足印等随意摆布在皮具上，取得怪异荒诞的效果。动态在人物造型不可缺少，人物图案形象的生动性、趣味性和内涵性常通过动态来表现，人的各种动作和姿态是丰富图案造型的极好参照，而且作为不以刻画面部表情为重点的图案来讲，人物的动态更起着"传神"的作用。如图2-1-4为人物图案的应用。

图2-1-4　人物图案

5. 文字图案

文字图案具有丰富的表现性和极大的灵活性，无论哪种文字都有颇多字体、字形，选择余地很大，文字具有鲜明的文化指征特点。任何一种文字都明白无误地指明它所属的国家、民族或地域，它所涵盖的意义和引起的联想远远超出了其自身的内容和形式。文字形象的塑造主要是字体的设计和文字间的排列组合。它以文字为基本元素，通过局部的形象置换进行再创意设计而达到信息传播的艺术表现形式。文字图案多为追求自由、奔放、随意，甚至笨拙、怪异的风格，极力表现出夸张、稚拙或古旧、异域的特点，显露着淳朴、自然、个性化的倾向。而且，在文字与文字的组合排列、大小、间隔、比例等方面的处理也非常自由灵活，极力寻求标新立异，形式多样。如图2-1-5为文字图案的应用。

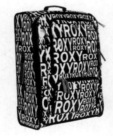
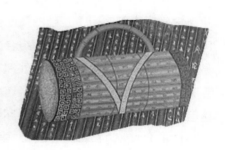

图2-1-5　字母图案的应用

（二）抽象形态

抽象几何图案一般是指不代表具体形象的概括化的几何化图形，舍去自然物的具体形象和一切细节的描绘，采用单纯简明的几何形和色彩构成纹饰，对于初学图案者来说，抽象图案是锻炼和培养掌握与运用形式美的一个好途径。基础图案中的抽象风格图案，表现形式绝大多数介于抽象与具象之间。其中，有的抽象形式表现层次较深，有的较浅，属于非纯粹的抽象。

点、线、面是构成图案的基本元素，无论比较抽象的图案还是倾向写实的图案都离不开点线面的构成。点、线、面有各自的特征，可造成不同的视觉感受。点的概念是一个相对的概念，有大小不同的面积，同样的点在不同的环境中可以转化，点与点相连形成了线，点的密集排列形成了面。线是点移动的轨迹，点的大小决定线的形态，线有宽窄的不同，但都以长度为特征，线有曲直的变化，线与线有规律密集的排列可转化为面。

规则形是指那些形状规范、明确，排列整齐的点、线、面，画面会显得严谨、整洁，并带有一定的机械性。以规则的点、线、面构成，处处显露出明确的规律性，充分显示出了不同的节奏与秩序的美感。不规则的点、线、面的形状，排列均不规范，没有统一的标准，表现出一定的随意性，规则与不规则的点、线、面也经常结合运用，或在规则的基础上表现出一定的随意性。

几何化图案造型早在原始社会的彩陶纹样上就已出现过。我们的祖先利用这种装饰形，将各种不同形状的点、线、面装饰在陶器上，给人以质朴的美。与自然形相类似的几何变形是根据客观自然形态的基本特征，依照其基本倾向性，设法套上相类似的最适合的几何形，然后将这些相对应的几何形体新组合成整体形象。比如对于人脸、花朵、果树、瓜果、池塘等可以套用圆形或椭圆形；对于树丛、树叶、土堆、房顶、风帆等可以套用三角形。在这些抽象风格的基础图案中，体现艺术抽象特点时，简洁和丰富是相对而言的，在运用抽象手段对图案进行简洁扼要的处理时，主题简洁化的抽象，就是用理性归纳的方法，将主题的自然形象进行高度概括、简化，舍弃具体的东西，构成抽象化的形象。丰富绝不是烦琐，也不单纯是惯用的添加法，更不是代表了"具象"。

在几何形图案构成中，点、线、面被作为基本素材与几何形相提并论，将几何形及几何学原理直接应用于基础图案的创作，把每一个局部的、令人难以接受的、单调的几何形及各种形态的点、线、面组合成一个整体时，会形成现代感强和意境、情调、气氛易于统一的审美效果。但必须处理得当，否则会出现机械、呆板、缺少人情味的效果，丧失了图案起码应有的美感与亲切感。现代抽象图案新颖、简洁、明快，又能够迅速传达信息，故而在生活节奏紧迫、环境繁杂、经济竞争激烈的当今商品上多有应用。在着意创作抽象风格的基础图案时，要充分调动形象思维。因为抽象的过程总是要舍弃许多具体的事实，防止某些概括遇到简单化的危险，所以以感性形式出现的形象会比意识观念更丰富。从艺术感受来说，抽象图案，特别是传统的几何中图案，规律性较强，具有规则、严谨、理性等特色，而具象图案则往往具有生动、活泼、感性等特色，相互补充、对比、配置则另有一番美感。我国传统图案深悟此种诀窍，数千年来两者一直并行不悖。如果说把现代抽象图案和传统抽象图案相比较，前者新颖、明快而轻巧，后者典雅、庄重而富丽。

如图2-1-6为几何图案的应用。

图2-1-6　几何图案的应用

✎ **课后练习**

1. 根据皮具造型特点、色彩、风格及工艺要求进行皮具款式图绘制练习。
2. 运用皮具图案的抽象形态和具象形态特征，进行图案多样性练习。
3. 了解图案对于皮具的作用及遵循的原则，进行图案创新性设计练习。

第二节

图案的艺术特征

皮具面料上的各种图案表现精工细丽，色彩浓重典雅，造型周密端庄，传达或表现出真与美的"意""善"的意境，在"似与不似"之间体现出设计者的审美韵味，借助静物画和动物画的写实，表现所有的材料、造型的形状与质地、光泽与色彩，表现出其凝重、稳定、精确的效果，展现、强调渲染皮具的高贵典雅、余味无穷。

一、内容美

（一）装饰性

图案的特性在于它是实用功能与审美功能的统一，既具有物质的作用，又具有精神的作用。装饰图案既属于造型艺术，又包含着科学、经济、环保等因素。皮具图案作为图案艺术整体的一个部分，有着自己特定的装饰形式、工艺材料、制作手段和表现方法，当然应该具有它自己的特殊属性。皮具图案具有特定的从属性、审美性、装饰性和实用性，是与工艺制作相结合、相统一的一种艺术形式。

皮具图案装饰性是一般被观赏图案所不具备的，高档的皮具因为有了图案装饰而更显华贵，低档皮具也会因为有恰到好处的装饰，显得漂亮而受人欢迎。鲜艳的花朵，美丽的动、植物表皮的斑纹，对称的、节奏的、渐变的、规整的形式都能引起人们感官的快感，设计师用这种能引起快感、愉悦的形象来装饰皮具，即达到求美的愿望。

图案的装饰作用是以装饰设计或图案纹样构成物体外表的美化形态，它须与被饰物相适应，并受被饰物约束。装饰图案是附属于皮具造型的，需要在整体设计中进行统筹安排，使装饰图案与造型融为一体、相互衬托，这是皮具图案设计的从属性表现。装饰图案设计的最终目的是要实现实用和工艺的完美结合，它是一个涉及面很广、多种工艺专业进行设计的综合性的装饰艺术形式。

皮具图案的一般作用就是对包体进行修饰、点缀，使原本单调的造型在视觉形式上产生层次、格局和色彩的变化，或使原本有个性的皮具更具风采。图案的修饰和点缀，不仅能渲染皮具的艺术气氛，更能提高皮具的审美品格。如图2-2-1为花卉面料图案。

图 2-2-1　花卉面料图案

（二）图形的寓意

装饰图案在皮具上还能起到一种强化、提醒、引导视线的作用，特别强调某种特点，或刻意突出造型对比，对带有夸张意味的图案进行装饰。

在商品社会里，广告随处可见，在皮具上也不例外，和人形影不离的皮具，总是陪伴着人们出入各种场合，其方寸天地可谓"活动广告"的最佳载体，能产生出非常特殊的广告宣传效应。因此各大公司、集团、企业、单位，常把自己的徽标和名称、经营理念等组合成一个整体图案形式，装饰在手包、提袋上，在这里，图案并非针对携带者身份的标志，而只起宣传企业形象、产品品牌的作用，如图2-2-2为有寓意的图形。

（a）　　　　　　　　　　　　　　　　（b）

图 2-2-2　有寓意的图形

（a）面料印有 LV 图案　（b）面料印有双 F 的芬迪

（三）内容与表现形式的统一

1. 皮具图案内容设计的变化与统一

　　变化与统一是构成形式美的两个基本条件。在皮具图案内容设计中同样要考虑到这一点，而且要特别注意。变化与统一相互对立又相互依存，舍去一方，另一方则不复存在。若是一味地追求变化，就会杂乱无章。片面强调统一，又会呆板单调，没有生气。统一与变化相辅相成，只有将两者统一的结合起来，才会真正地体现自然界的规律。在皮具图案内容设计过程中，要在统一中求变化，或在变化中求统一，使其完美结合，使作品既优美又生动。

2. 皮具图案内容设计变化与统一的运用

　　变化的因素越多，动感越强；统一的因素越多，静感越强。

　　图2-2-3所示这款手袋基于变化与统一的基本原则，把大小不一的桃心状花纹有序地排列，形成一种韵律美。作为主体色的蓝色体现出沉静的感觉，统一了整体风格。统一的作用是为了使设计的主题突出，主次分明，风格一致，获得总体协调和完整的效果，是一件作品的最终统辖。

图 2-2-3　变化与统一的运用

二、形式美

（一）对称与平衡

1. 对称

　　对称，是传统造型的一种法则。它既古老而又普及，是有节奏的美。对称给人均等、平衡、稳定的感觉。在造型中，它属于强调统一性的一种手法。对称的形态也是多种多样的，有垂直对称、水平对称、中心对称、对角对称等。在皮具图案内容设计中，应用对角对称或中心对称，整齐中又不失活泼，也是一种可借鉴的设计手法。

2. 均衡

均衡，是对称的一种变体发展，是以中心线或中心点保持力量的平衡。对称指造型的上下或左右的形象完全相同，所以也叫作完全对称。均衡则要求中心线两边大体相同，所以均衡也叫作近似对称。因为大体相同，所以均衡比对称富有变化，也比较自由，这是一种不变中有变化的形式美造型法则。正是因为如此，在皮具图案内容设计中也有颇多均衡的表现。

3. 平衡

平衡，为异形同量，呈等量不同状态，即分量相同、形体不同的图形。平衡的构图以不失重心为原则。它的特点倾向于变化，容易产生活泼生动的感觉。

对称与平衡的运用，如图2-2-4所示。这几种图案都是左右对称、上下对称的格式，图案显得稳重大方，条理性强，有统一感，各项功能也因左右或上下对称而达到较好的平衡和相互协调。

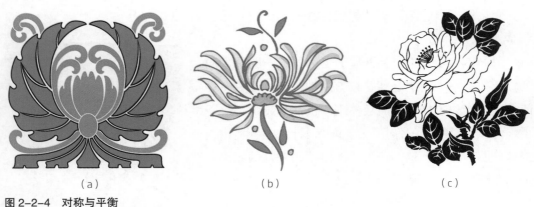

(a) (b) (c)

图 2-2-4 对称与平衡
（a）对称 （b）均衡 （c）平衡

（二）节奏与韵律

节奏是社会生活和自然界普遍存在是一种调节规律，是一种有秩序、有规律的连续变化和运动。凡是有秩序、有规律反复出现的大小、多少、长短、强弱，以及结构

上的疏密、色彩上的浓淡与深浅，
都是一种节奏，这种节奏在皮具图
案内容设计中也有所体现。诸如，
点、线、面有秩序、有规律地反复
出现，就形成点、或者是线、或者
是面的节奏，使鞋底花纹表现出运
动和力的美。

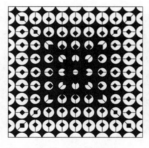

图 2-2-5　节奏与韵律

　　韵律是在节奏的基础上产生
的，它给予节奏强弱起伏的变化，是情调在节奏中的运用，节奏形式的深化，是一种更
深层次的节奏在情调上的表现，也就是说，韵律是一种富有感情的节奏的表现。一件作
品，运用不同的线、形、色等进行复杂的配置，使之如悦耳的音律般唤起人们感情上的
共鸣。如图2-2-5所示为节奏与韵律形式的运用。

（三）对比与调和

　　对比与调和反映造型中矛盾的两种状态，是产品造型中相当重要的美学法则。调和
与对比是造型表现形式之间相异性，即不同形式要素之间的不同性质的对照。

　　调和是异中趋同，对比则是在差异中相比较，前者是两者求同（一致），后者是在
相异中求"异"（对立），它们对产品造型能够产生生动的效果，使产品具有活力。具
体到皮具图案设计上，较常见的是几何图形之间的渐变及应用。如在手袋设计花纹中同
时应用了正方形和圆形，它们形状上的巨大差异，给视觉带来强大的冲击，一种方与圆
的对比赫然眼前；正方形到圆形的变化过程，既有韵律，又将方与圆的强烈对比进行了
巧妙的调和。

　　再如，呈四方连续的"回"字形，给人的感觉是方正、平实、安稳等，有阳刚美。
中心部位的圆圈，给人柔韧、充实、富有弹性的感觉，两者形成对比。

　　对比与调和的法则，在自然界中和人类社会中广泛地存在着。有对比，才有不同事
物个别的形象；有调和，才具有某种
相同特征的类别。在花纹设计中，对
比可使得形体活泼、生动、个性鲜
明，它是取得变化的一种重要手段。
当对比弱时，调和支配着对比，它对
对比的双方起着约束的作用，使双方
彼此接近，产生协调。如图2-2-6所
示为对比与调和形式的应用。

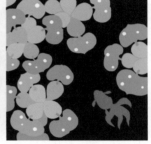

图 2-2-6　对比与调和

（四）条理与反复

条理与反复是装饰图案组织的重要原则。在造型中，条理与反复是一种最简单的形式美法则，是构成秩序美感的重要因素。条理，是将构成元素依据形式美法则进行归纳、整合、求同，加强秩序感，获取色彩、形态、风格趋同的处理方法，使图案纹样秩序性的特征增强。反复，是指在设计中使某个元素反复出现，形成一定的视觉冲击。一般来说，这种单位元素的反复出现注重形式感，力求形成一定的节奏感。反复可以使平淡的元素由于多次出现而加深观者的印象。反复时可以将单一元素

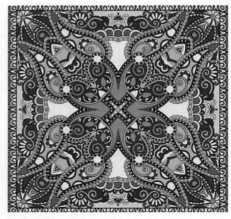

图2-2-7 条理与反复

不加改变地简单重复，也可以将基本元素在形态上略做变化加以重复。同时，重复的应用又是装饰图案艺术所特有的一种美的形式（图2-2-7）。

（五）动感与静感

动感与静感是相对而存在的。有时尽管画面是静止的，但画面的内容与真实的感受联系起来，就产生了动感。动中有静，静中有动，相互衬托，画面才生动起来。动感与静感也来自人们的视觉经验，是相比较而存在的。一般来讲，变化的因素倾向于动感，统一的因素倾向于静感。如图2-2-8所示为动感与静感的效果。

动感与静感在现代皮具图案设计中应用比较普遍，不论是在线条造型、构图还是色彩等方面，在皮具设计中运用很普遍，是皮具图案设计一个很好的手法。

一些手袋在构成上比较简单，但由于运用了动感与静感的对比，它并不因为简单而显得呆板乏味。一束直线条连接于前扇面和后扇面，给人向前运动的感觉；而其他部位是密集的小点，相对趋于静止；动静的对比使得整个手袋生动起来。

图2-2-8 动感与静感

（六）比例

比例是指一件事物整体与局部、局部与局部之间的比例关系。运用在皮革手袋设计中，就是指皮革手袋的各个单位元素与整体皮革手袋、单位元素之间的配比关系，也包括色彩、材料、装饰部分的分配面积比例等。每一种款式的形体、配件和部件规格都有一个相对稳定的尺寸范围，显示出不同的比例关系。当然，不排除在某一流行阶段为突出夸张的效果而对比例的特意破坏。如图2-2-9所示为比例的应用。

图 2-2-9 比例的应用

🖉 课后练习

1. 运用图案的节奏与韵律，结合皮具本身的特性进行皮具图案设计。
2. 结合变化与统一规律在皮具图案设计上的运用，进行图案比例的关系练习。

第三章

色彩构成知识

✏️ **本章提要**

　　本章主要讲授色彩的原理、色彩的属性、色彩的对比、基本色彩的艺术表现等色彩构成知识内容。

✏️ **学习目标**

1. 认识和理解色彩构成的原理、属性和对比遵循的原则或要求。
2. 认识和理解基本色彩的艺术表现的作用和意义。
3. 掌握色彩构成知识的基础原则并熟练运用。

　　近年来，随着崇尚自然潮流的兴起，五彩缤纷的自然色逐渐流行起来，颜色变化也日益丰富，不但赤、橙、黄、绿、青、蓝、紫全部登场，它们的边缘色和混合色等数十种变化大放光彩，特别是一些金属色、珍珠色、荧光金属混合色等许多迷人的色彩更是深受人们的喜爱。

　　色彩的感觉是一般美感中最大众化的形式，根据有关部门的调查研究总结，对于服饰产品，人们第一时间注意的往往是它的色彩，其次才是它的款式。也有国外相关部门研究表明，顾客在决定购买某种日用商品时，第一印象的作用占60％，而这种第一印象又多是由色彩所带来的。

　　色彩在皮具设计中具有十分重要的位置，它与造型、纹样、材料、工艺一样，是皮具设计的主要内容之一。在对皮具产品的最初注意力上，色彩的作用远远大于形态和材质。色彩在皮具的设计、审美及营销过程中发挥着巨大的作用。因此，对色彩的设计和把握能力是皮具设计师所必须具有的。

第一节

色彩原理

皮具设计中色彩是最具有表现力的艺术语言，是最为普通的美感形式。在皮具设计中，色彩有着不可替代的作用，也是皮具设计作品成败的最关键因素之一。迷幻的色彩传达给人的绝不是款式和形式所能达到的，而且颜色不可能单独存在，它总是与另外的颜色产生联系，如同音乐的音符，单种颜色没有好坏之分，只有与其他颜色搭配作为一个整体时，才能说协调或不协调。

色彩是最敏感的审美因素，也是视觉及知觉传递感情的重要因素，并左右人的情绪和行为。不同的色彩给人不同的感受，使人在精神上得到审美的愉悦。色彩对大脑的影响是客观存在的，色彩往往直接决定消费者的第一印象。怎样做到既满足消费者的需求，又符合消费者的审美心理，设计出符合市场需求的产品，这要求设计师把握色彩与心理的关系，准确地把握顾客的心理需求，并把这种需求通过色彩设计表现出来。

色彩是皮具美的灵魂，在人们对皮具的视感及接受过程中，皮具的色彩信息传递最快，表达的情感最深，视觉感受冲击力大，而且是具有美感的吸引力。

色彩具有丰富的表情性，能传达一定感性意味。不同的色彩可表现出不同的感情色彩，如艳丽感、雅韵感、活跃感、庄严感、扩张感、收缩感等。对皮具产品来讲，黑色、棕色和红色曾经是最为经典的三种颜色，风靡一时。

一、皮具设计基础色彩心理表现

皮具设计师除宏观上要把握皮具设计与服装、饰物的关系外，微观上更要注意色彩的明度、色相、纯度因素之间的关系，适度表现。首先，要考虑消费者使用场合、社会文化、流行时尚等因素，更要结合他们不同的心理特点设计。这种过程实际是一种创造性很强又很具体而且具有实质性的活动。色彩心理表现因年龄、性别、职业文化程度等不同对感知的色彩心理也不相同。在皮具设计中，一般根据人们对色彩心理的共性来考虑色彩的搭配效果，并在配色上强调与包体统一色的搭配，最后突出跳跃色的配色原则。

（一）皮具设计与色彩的心理表现方法

1. 类似色彩表现法

在色环中相邻的色彼此都是类似的，但是有近邻、远邻之分，邻近色易于调和，远邻色必须考虑个别的色调与色感，这种表现方法可以体现消费者从众的心理，但又体现出消费者同中求异的心理。

2. 对比调和表现法

这种表现方法可形成较强的对比关系，这些对比双方或多方各自色相感鲜明饱满，丰满厚实，容易产生强烈明快的视觉效果，可以给人带来一种愉悦欢快的心理感受。

3. 多种色调表现法

包袋配色是指在遵循多色相配色的运用原则基础上的色彩搭配，这种配色很容易产生统一调和效果，具有相当大的色彩表现力，其视觉效果或强、或柔和、或稳定、或变化多端，往往给人一种高贵和变化莫测感。

4. 无色彩调和表现法

指单一无彩色和多个多彩色搭配。单一无彩色配色，黑色是一种很有视觉冲击力的颜色，这种颜色表现力极强，可表现高雅、优越、理性、神秘稳重等不同的心理感受和审美效果。

白色是一种高洁的颜色，是清纯、纯洁、神圣的象征。现代社会把白色视为高品位的审美象征。白色飘逸着不容妥协、难以侵犯的气韵。视觉效果或迷人、或显质朴、或显高尚，同时带有青春气息。

灰色是一种层次丰富、柔和、倾向性不明的颜色，它是黑和白两色的折中与调和，有些暗抑的美，幽幽的、淡淡的、不必黑和白的纯粹，却也不似黑和白的单一，具有黑、白两色的优点，能给人高雅含蓄、稳重、温和之感。

（二）色彩的特性

色彩能使产品材料的纹理和手感的微妙差别而具有不同的效果。色彩能美化产品和环境，满足人们的审美要求，如果运用恰当，常常起到丰富造型、突出功能的作用，并充分表达产品的特色。优美的色彩设计能提高产品外观质量和增强产品在市场上的竞争能力。

色彩分为无彩色和有彩色两大类。前者如黑、白、灰，后者如红、黄、蓝等七彩。有彩色是具备光谱上的某种或某些色相，统称为彩调。与此相反，无色彩就无色调。

二、色彩的本质

（一）光源

宇宙间的物体有的是发光的，有的是不发光的，发光的物体叫作光源。光源可以分为三种：第一种是热效应产生的光，如太阳光、蜡烛光等，此类光随着温度的变化会改变颜色；第二种是原子发光，如霓虹灯、荧光灯是荧光物质被电磁波能量激发而产生光，原子发光具有自己的基本色彩，所以彩

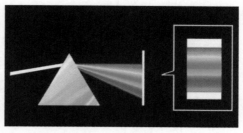

图 3-1-1　阳光（白光）分析

色拍摄时需要进行相应的补正；第三种是Synchrotron发光，同时携带有强大的能量，原子炉发的光就是这种，但是在日常生活中我们基本不会接触到这种光。一切色彩都离不开光，可以说，色彩是一种可见的光波在视觉上的一种反映。阳光（白光）分析如图3-1-1所示。

（二）光与色

没有光就没有色，光是人们感知色彩的必要条件，色来源于光。所以说，光是色的源泉，色是光的表现。

图 3-1-2　光带分析

太阳发出的白光形成了由红、橙、黄、绿、蓝、紫组成的色光带，使世界充满了光和色彩。如图3-1-2所示光带分析。

光学告诉我们，太阳光波长400～700nm为可见光。

（三）物体色和固有色的产生

物体都有发射和吸收不同色光的特征。例如，我们看到某物体是红色，是因为它有反射红色光而吸收其他色光的特性。光、物体和眼睛感觉三者之间的关系是经常处于不

断变化之中的。严格来讲，物体没有固定不变的固有色，它只有在大致相同的条件下，才产生大致相同的色彩。

1. 物体色

物体色是眼睛看到的物体的颜色，物体色本身不发光，它是光源色经过物体的吸收反射，反映到视觉中的光色感觉，这些本身不发光的色彩统称为物体色。

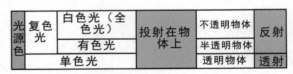

光源色	复色光	白色光（全色光）	投射在物体上	不透明物体	反射
		有色光		半透明物体	
		单色光		透明物体	透射

图 3-1-3　光带区别分析

我们看到的色，无论是动植物的色、服饰的色还是建筑和器物的色，几乎都取决于光源光、反射光、透射光的复合色光。把这样的色特别命名为物体色，与自己发光的光源色相区别。如图3-1-3所示为光带区别分析。

2. 固有色

习惯上把白色阳光下物体呈现出来的色彩效果总和称为固有色，严格说，固有色是指物体固有的属性在常态光源下呈现出来的色彩。由于固有色在一个物体中占有的面积最大，一般来讲，物体呈现固有色最明显的地方是受光面与背光面之间的中间部分，我们称之为半调子或中间色彩。而它的变化主要是明度变化和色相本身的变化，所有饱和度也通常最高。

物体表面色彩的形成取决于三个方面：光源的照射、物体本身反射一定的色光、环境与空间对物体色彩影响。光源色是由各种光源发出的光，光波的长短、强弱、比例性质的不同形成了不同的色光。

📝 课后练习

1. 把握皮具设计与服装、饰物的关系，运用固有色与物体色进行皮具设计。
2. 注意色彩明度、色相、纯度因素之间的关系，运用多种色彩表现手法进行皮具设计训练。
3. 了解消费者心理和色彩设计的心理的关联，用色彩搭配进行皮具设计。

第二节

色彩的属性

一、色彩的范畴——有彩色和无彩色

（一）有彩色

带有某一种标准色倾向的色称为有彩色。有彩色包括三原色和所有的间色以及复色。有彩色是无数的，它以红、橙、黄、绿、蓝、紫为基本色。基本色之间不同量的混合，以及基本色与黑、白、灰（无彩色）之间不同量的混合，会产生成千上万种有彩色。

（二）无彩色

无彩色是没有任何色相感觉的，指除了彩色以外的其他颜色。通常由黑、白两色和由这两种色调出的灰，没有色彩和冷暖倾向，称为无彩色。

二、色彩的三属性——色相、明度、纯度

决定一个颜色的特征（它与别的颜色的区别）是由这个颜色的色相、明度和纯度所决定的，即色彩的三属性。三属性是界定色彩感官识别的基础，灵活应用三属性变化是色彩设计的基础，色彩的三属性如图3-2-1所示。

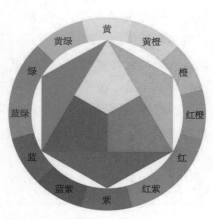

图3-2-1 色彩的三属性

1. 色相

顾名思义即各类色彩的相貌称谓，如大红、普蓝、柠檬黄等。色相是色彩的首要特征，是区别各种不同色彩的最准确的标准。事实上，任何黑、白、灰以外的颜色都有色相的属性，而色相也就是由原色、间色和复色来构成的。

2. 明度

在无彩色中，明度最高的色为白色，明度最低的色为黑色，中间存在一个从亮到暗的灰色系列。在有彩色中，任何一种纯度色都有着自己的明度特征。

明度可以简单理解为颜色的亮度，不同的颜色具有不同的明度，在一个画面中如何安排不同明度的色块也可以帮助表达画作的感情。任何色彩都存在明暗变化，例如，黄色为明度最高的色，处于光谱的中心位置；紫色是明度最低的色，处于光谱的边缘；一个彩色物体表面的光反射率越大，对视觉刺激的程度越大，看上去就越亮，这一颜色的明度就越高。

明度在三要素中具较强的独立性，它可以不带任何色相的特征而通过黑、白、灰的关系单独呈现出来。色相与纯度则必须依赖一定的明暗才能显现，色彩一旦发生，明暗关系就会同时出现。在我们进行一幅素描的过程中，需要把对象的有彩色关系抽象为明暗色调，这就需要有对明暗的敏锐判断力。我们可以把这种抽象出来的明度关系看作色彩的骨骼，它是色彩结构的关键。

3. 纯度

纯度指的是色彩的鲜艳程度和深浅程度，它取决于一处颜色的波长单一程度。我们的视觉能辨认出的有色相感的色，都具有一定程度的鲜艳度，比如绿色，当它混入了白色时，虽然仍旧具有绿色相的特征，但它的鲜艳度降低了，明度提高了，成为淡绿色；当它混入黑色时，鲜艳度降低了，明度变暗了，成为暗绿色；当混入与绿色明度相似的中性灰时，它的明度没有改变，纯度降低了，成为灰绿色。

不同的色相不但明度不等，纯度也不相等，例如纯度最高的色是红色，黄色纯度也较高，但绿色就不同了，它的纯度几乎才达到红色的一半左右。在人的视觉中所能感受的色彩范围内，绝大部分是非高纯度的色，也就是说，大量都是含灰的色，有了纯度的变化，才使色彩显得极其丰富。纯度体现了色彩内向的品格。同一个色相，即使纯度发生了细微的变化，也会立即带来色彩性格的变化。如图3-2-2所示色彩纯度比较。

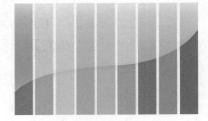

图 3-2-2　色彩纯度比较

✍ 课后练习

1. 进行色彩的范畴练习。
2. 灵活运用色彩的三属性并进行色彩的属性练习。
3. 了解有色彩和无色彩的运用。
4. 了解并运用色彩明暗关系变化，进行练习。

第三节

色彩对比

一、色彩对比的概念

色彩对比指两个以上的色彩以空间或时间关系相比较，能比较出明确的差别时，它们的相互关系就称为色彩的对比关系，即色彩对比。对比的最大特征就是产生比较作用，甚至发生错觉。色彩间差别的大小，决定着对比的强弱，差别是对比的关键。

色彩对比可分为以明度差别为主的明度对比，以色相差别为主的色相对比，以纯度差别为主的纯度对比，以冷暖差别为主的冷暖对比等。

每一个色彩的存在，都具有面积、形状、位置、肌理等方式。所以对比的色彩之间也存在着相应的面积的比例关系、位置的远近关系、形状和肌理的异同关系。这四种存在方式及关系的变化，对不同性质与不同程度的色彩对比效果也是各异的。

二、色彩的几种知觉现象

色彩能够有力地表达情感，通过作用于人的视觉器官，并在不知不觉中引起人们的情绪、精神及行为等一系列的心理反应，这个过程就是色彩的视觉心理过程。在皮具设计中，人们对皮具产品色彩的各种情感表现、反应，就是随着色彩心理过程的产生而形成的。

（一）色彩的适应性

色彩的适应性广泛地被描述为人类视觉系统的动态机制，用来弥补不同观察光源下的白色变化。例如，站在有白色家具的室内，打开红色的灯光，会立刻感到家具变成了红色，一切都受光源影响。过了一会儿，这种感觉消失了，家具又恢复了印象中的白色，这就是色适应。

眼睛正确地认识、感觉色彩是在最初的几秒钟内，长时间注视，就会产生明暗适应。色适应用经验、印象代替感觉，使艳色变灰、深色变亮、亮色变浅等。视觉的这个特性，提醒我们在设计或写生时要注意两点：一是抓第一感觉，保持对事物最鲜明、正确的印象；二是整体观察比较，若死盯局部色彩，由于视觉的适应性，人们会不自觉地主观夸大某一局部的色彩，从而影响整体效果。着眼大局，部分服从整体，才能客观、准确地表现。如图3-3-1显示灯光的适应性。

图 3-3-1　灯光的适应性

（二）色彩的恒常性

色彩的恒常性指当照射物体表面的颜色光发生变化时，人们对该物体表面颜色的知觉仍然保持不变的知觉特性。例如，当你站在阳光下的马路上时，一辆红色轿车从身边疾驰而过，最后停在前面立交桥的阴影下，这时车身的红色经历了从阳光到阴影下的色彩变化，但你却会固执地认为它仍是同一红色。另外，随着汽车的远离，它在视网膜上的成像也由大到小，但你仍把它看成同样大小的车。因此，人类的视觉识别系统能够识别出这种变化，并能够判断出该变化是由光照环境的变化而产生

图 3-3-2　色彩的恒常性

的，当光照变化在一定范围内变动时，人类的识别机制会在这一变化范围内认为该物体表面颜色是不变的。

物体的形、色在某种情况下产生了变化，而人在视觉上、心理上却始终想保持它的本来面目，习惯地将其还原成原有的形、色。例如，一个未见过红色皮包的人，在光亮中见到的是红色皮包，可能确定它是红色的。但是如果他在黑暗处见到红色皮包，就不一定能把它知觉为红色。这种现象我们称视觉恒常性。我们往往受视觉恒常性的左右，忽视形、色的变化，这也是写生或设计中的一个影响因素。如图3-3-2所示为色彩的恒常性。

（三）色彩的易见度

在白纸上书写黄字或黑字，哪个看起来清楚呢？生活经验告诉我们，当然是白底黑字清楚。如前所述，这是因为人眼辨别色彩的能力是有一定限度的，当色与色过分接近，由于色的同化作用眼睛无法辨别。色彩学上把容易看清楚的程度称为易见度。色彩的易见度和光的明度与色彩面积大小有密切关系。光线太弱，人们易见度差；光线太强时，由于炫目感，易见度也差。色彩面积大易见度大，色彩面积小易见度则小。如果光源与形的条件相同时，形是否看得清楚，则取决于形色与背景色在明度、色相、纯度上

的对比关系，其中尤以明度作用影响最大。对比强者清楚、弱者模糊。

　　色彩的易见度又称知觉度，即给人的强弱感觉。配色中常常运用色彩易见度原理来处理色彩的宾主和层次关系。如在绘画艺术中为了加强画面的色彩透视效果，主体和前景常常配以易见度高的醒目之色；装饰色彩构成时，为了突出装饰主体，引人注目，一般应采用易见度高的色彩配合。如图3-3-3所示为色彩的易见度。

图 3-3-3　色彩的易见度

（四）色彩的错觉

　　色彩的错觉是由于人的视觉受到周围环境色彩的影响，使人的大脑皮层对外界刺激物进行分析、综合发生困难时造成的。物体是客观存在的，但视觉现象并非完全是客观存在，在很大程度上是主观在起作用。例如，同一种蓝色，看上去深浅不一；同一色相的颜色，看上去鲜艳程度不一，这些都是错觉的现象。因此，只要色彩对比因素存在，错觉现象必然产生。如图3-3-4所示为色彩的错觉。

图 3-3-4　色彩的错觉

三、色彩的同时对比与连续对比

（一）同时对比

　　发生在同一时间、同一视域之内的色彩对比称为色彩的同时对比。在这种情况下，色彩的比较、衬托、排斥与影响作用是相互依存的。如在黄色纸张上涂一小块灰色，这种对比感觉很强，出现所谓的补色错视。再如在黑纸上涂一灰色小方块，在白纸上涂一同样面积及深浅的灰色小方块，同时对比的视觉感受是黑纸上的灰色更显明亮，形成所谓的明度错视。

　　同时对比产生于这样的事实：看到任何一种特定的色彩，眼睛都会同时要求它的补色，如果这种补色还没有出现，眼睛就会自动地将它产生出来。正是由于这个事实，色彩和谐的基本原理才包含了互补色的规律。而对于极端明度时的色彩反应则是以与其相反的明度的形式来寻求和谐。在这种期望出现某种色彩而没有出现的地方，人眼因自身的调节所做出的搜寻会引起余像的自发产生，且当人眼产生某色彩的补色余像时，该色彩所展现的色相就会发生变化。当眼睛从一种浓烈色彩移到另一种浓烈色彩的时候，依照相邻色彩的浓度的大小，我们的色彩感受会受到不同程度的影响。

　　同时对比补色的产生是作为一种感觉发生在观者的眼睛中的，并非是客观存在的事实。同时对比效果不仅发生在一种灰色和一种强烈的有彩色之间，也发生在任何两种并非准确的互补色彩之间。两种色彩分别倾向于使对方向自己的补色转变，因而通常这两种色彩都会失掉它们的某些内在特点，而变成具有新效果的色调。歌德说过：同时对比决定色彩的美学效用。

　　当一种补色色相被十二种色相色轮中的左侧或右侧邻色所取代时，这种同时对比效果就发生在纯色度色彩之间。举例来说，由于紫色是在黄色的对面，我们就用红紫或蓝紫来代替，同时对比效果可以借助于面积对比而加强。如图3-3-5所示为色彩的同时对比效果。

图3-3-5　色彩的同时对比效果

（二）连续对比

　　色彩对比发生在不同的时间、不同视域，但又保持了快捷的时间连续性，称为色彩的连续对比。在连续对比中最显著的特征是对比的双方色彩具有色彩的不稳定性。视觉残像中的幻想便是连续对比的视觉作用。

　　人眼看了第一色再看第二色时，第二色会发生错视。第一色看的时间越长，影响越大，第二色的错视倾向于前色的补色。这种现象是视觉残像及视觉生理、心理自我平衡的本能所致。如医院中手术室环境及开刀医生、医护人员工作服都选用蓝绿色，显然是为了"中和"血液红色，巧妙地利用色彩的连续对比，使医生注视了蓝绿色后，不但可减少、恢复视觉的疲劳，同时更易看清细小的血管、神经等，从而有利于保证手术进行的准确性和安全性。如图3-3-6所示为色彩的连续对比。

图3-3-6　色彩的连续对比

四、色彩三属性的对比

（一）明度对比

将相同的色彩放在黑色和白色上，比较色彩的感觉，会发现黑色上的色彩感觉比较亮，放在白色上的色彩感觉比较暗，明暗的对比效果非常强烈、明显，对配色结果产生影响。明度差异很大的对比，会让人有不安的感觉。

（二）色相对比

色相对比是利用各色相的差别而形成的对比。色相对比的强弱可以用色相环上的度数来表示。

色相距离在色环中15°以内的对比，一般看作同色相即不同明度与不同纯度的对比，因为距离15°的色相属于较难区分的色相。这样的色相对比称为同类色相对比，是最弱的色相对比。色相间在15°~45°的对比，称为邻近色相对比，或近似色相对比，这是较弱的色相对比。色相距离在130°左右的对比，一般称为对比色相对比，这是色相中等对比。色相距离在180°左右的对比，称为互补色相对比，是色相最强的对比。

（三）纯度对比

纯度对比是指较鲜艳的色与含有各种比例的黑、白、灰的色彩，即模糊的浊色的对比。而一种颜色的鲜艳度取决于色相发射光的单一程度，不同的颜色放在一起，它们的对比是不一样的。在孟氏色立体中，纵向与中心轴平行的同一行色，表示着不同明度同纯度系列；横向的与中心轴垂直的同一行色，表示着相同明度不同纯度系列。色立体最表层的色是纯色，从表面层向内渐转灰直至无彩色系。目前我们现有染料、颜料和印刷油墨等色料纯度是很低的，因此纯度对比的范围实际上缩小了。

可以用以下四种办法降低色彩纯度。

1．加白

纯色混合白色，可以降低其纯度，提高明度，同时色性偏冷。曙红+白=紫青味的粉红，黄+白=冷色浅黄。各色混合白色以后会产生色相偏差。

2．加黑

纯色混合黑色，降低了纯度，也降低了明度。各色加黑色后，会失去原来的光亮感而变得沉着、幽暗。

3. 加灰

纯色加入灰色，会使色味变得浑浊；相同明度的纯色与灰色相混，可以得到相同明度而不同纯度的含灰色，具有柔和、软弱的特点。

4. 加互补色

加互补色等于加深灰色（相当于5号灰），因为三原色相混合得深灰色，而一种色如果加它的补色，其补色正是其他两种原色相混所得的间色，所以也就等于三原色相加。如果不是原色，在色轮上看，任何一种色具有两个对比色，而它的补色正是这两个对比色的间色，也就等于三个对比色相加，也就等于深灰色。所以，加补色也就等于加深灰，再加适量的白色可得出微妙的灰色。

我们可将一个纯色与同亮度无彩色灰等比例混合，建立一个9级纯度色标并据此划分三个纯度基调（但在孟氏色立体中不一定是9级，如红色14级，青绿6级）。低纯度基调，易产生脏灰、含混、无力等弊病。

中纯度基调具有温和、柔软、沉静的特点，高纯度基调具有强烈、鲜明、色相感强的特点。纯色相组成的基调为全纯度基调，是极强烈的配色。如果是对比色相的全纯度基调，则易产生炫目、杂乱和生硬的弊病。

纯度对比强弱决定于纯度差，如纯度弱对比是纯度相差比较小，大约在3级以内，纯度中对比是纯度差间隔在4～6级的对比，纯度强对比是纯度差最大的对比，如高纯度色与接近无彩色系的对比，是大于6级的对比。色彩的模糊与生动的纯色对比，也就是用灰色去对比纯色，使纯色更加生动，但要注意色阶。

为了加强色彩的感染力，不一定依赖色相对比，有时一堆鲜艳的纯色堆在一起倒显得吵闹杂乱，相互排斥，有时相互削弱，只有跳跃、喧闹的效果，而无突出某一主色的效果。若想突出某一主色，自然要用降低辅色的纯度去衬托主色，这样主次分明，主题突出。

五、色彩对比与面积、形状、位置肌理的关系

（一）面积与色彩

面积与色彩是指各种色彩在构图中占据量的对比，这是数量的多与少、面积的大与小的对比。色彩感觉与面积对比关系很大，同一组色，面积大小不同，给人的感觉不同。如在空间混合中，面积小的红绿色点或色线在一定的距离之外的感觉接近金黄；而面积大的红绿色块的并置，给人以强烈的刺激感觉。同一种色彩，面积小则易见度低，因其色彩被底色同化，难以发现；面积大易见度高，刺激性也大，大片红色会使人难以忍受，大片黑色会使人感到沉闷、恐怖，大片白色会使人感到空虚。

　　在用色彩构图时，有时会感到色彩太跳，有时则显得力量不足，为了调整这种关系，除改变各种色彩的色相、纯度外，合理安排各种色彩占据的面积是必要的。规律是：面积相当，对比效果好，调和效果差；面积对比悬殊，对比效果差，调和效果好。

　　歌德认为，色彩的力量决定于明度与面积。他把太阳纯色的6色相（青、蓝合并为一色）定为：黄3、橙4、红6、紫9、青8、绿6，并将一个圆分成36个扇形等分，以表示色彩的力量比，其中黄占3分，橙占4分，红、绿各占6分，紫占9分，蓝占8分。这就是说，只有这种比例的色光混合后才能是白光，如果6种色光都是均等的6分，混合出的光不是白光，而是橙黄色。灯光就是这样的。我们可以从太阳光的色散中看出，它的七色并非等量分解，的确是与歌德所说的比例相当。如图3-3-7所示为面积与色彩的效果图。

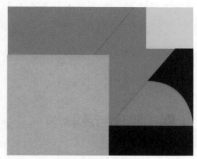

图3-3-7　面积与色彩

（二）形状与色彩

　　形与色的紧密关系。形，色之所依；色，形之体现。缺其一不可视之。它们各有其属性，不同的属性带给人以不同的感受。设计物中的形、色来源于人们肉眼可见的宇宙之源，也有许多来自于一些人为的图形和各种色彩、几何形，甚至是一些简单的线条。

　　在对形与色的审美及审美表露上，人们常常会在各自不同的文化背景下，凭借自己的情感和愿望去寻找与自己理解上最相配的因素，在此基础上形成对形与色关系的再认识。德国魏玛时期包豪斯学院的教员约翰·伊顿深信：色彩向人们传达着普遍化的情绪状态，图形也传达着类似的信息——这种类似性指的是情绪和精神上类似，必须注重这些自然而然地富有亲和力的组合，正方形与红色、三角形与黄色、圆形与蓝色。因此，形与色关联所产生的美感是在人们各自意识因素的渗透和依附下产生的，而外在灌输形与色的规律只是对某种意识因素的推动，形与色的关系需遵循相互联系为一体的原则。如图3-3-8所示为形状与色彩的效果图。

菱形　　半圆形

星形　　扇形

图3-3-8　形状与色彩

（三）位置与色彩

　　作为非概念的、客观存在的色彩，不仅具有一定的明度、色相、纯度、面积和形状的对比，还有距离、位置的对比关系。

例如，一个白色热气球在淡蓝色的天空飘游，在远处是一片墨绿色的山林，白色气球与淡蓝色十分调和，整个画面对比并不强烈。当热气球飘到山谷边沿，白色气球与墨绿色山林的对比关系产生了，但还不十分强烈。当热气球飘到山谷之中，大片墨绿色包围着这白色的气球，对比关系达到了最大限度，调和感相应地大为减弱。如图3-3-9所示为位置与色彩的效果图。

图 3-3-9　位置与色彩

（四）肌理与色彩

肌理是指客观物象的材料性质及其表层物质组合。我们所见到的各种自然色彩，是从各种不同肌理的物象光辐射而来的。由此，在感知色彩的同时，也就感觉到该物体材料的性质与表层特征。

油画使用的厚色层笔触，水彩稀薄透出纸面纹理，水粉色层的匀润，色粉笔画表面的不平滑有颗粒感，这些不同的肌理，都是通过色彩感觉的差别而被视觉分辨出来的，色彩依附在肌理之中，没有肌理的色彩是不存在的。

图 3-3-10　肌理与色彩

物体表层肌理不太光滑且较平润的，色彩就比较稳定统一，固有色也明显。如果肌理是表面粗糙不平有高低起伏，或表面非常光滑，反映出来的色彩富有变化，有闪动感。同一颜色，涂在不同肌理表面，它们的色彩纯度与明度就会有区别。如观察比较同一色彩的纸、布、呢绒、绸缎，由于肌理不同，给人的色彩感觉也不会相同。纸和绸缎表面肌理光滑，受周围物体色彩的影响明显，色彩的明度、纯度及冷暖变化较大。表面比较粗糙的呢绒，固有色明显，色彩统一单纯，明度比布要暗。

现代绘画与装饰，十分重视肌理与色彩的综合艺术效果。肌理的艺术手段与审美价值，是现代美术探讨与研究的一个新课题。如图3-3-10所示为肌理与色彩的效果图。

六、流行色原理——色彩配色

（一）统一性调和

色彩调和主要是满足人们的视觉和心理上的需要，色彩调和与否，通常是我们所说的放在一起"舒服不舒服"。因此过分强调对比关系，空间预留太多或加上太多造型要素时，容易使画面产生混乱。要调和这种现象，最好加上一些共同的造型要素，使画面产生共同的格调，具有整体统一与调和的感觉。若把同形的事物配置在一起，便能产生连续的感觉。两者相互配合运用能创造出统一调和的效果。

1．调和的定义

字面意思：两种或多种颜色协调地组合在一起，产生愉悦、舒适感的搭配。

对比——寻求差别；调和——寻求关联。

2．理论含义

明显差异或者明显含糊的色彩，在构图中进行调整，使之完美地统一在一起。如明度与纯度（调和）将有显著区别的色彩合理地分布在构图当中，以实现其完美的统一；如色相与面积的调和，即大面积冷对小面积暖。

（二）对比性调和

对比是两个并列在一起的极不相同的东西的相互比较。可以形成对比的因素是很多的，诸如曲直、黑白、动静、隐现、厚薄、高低、大小、方圆、粗细、亮暗、虚实、红绿、刚柔、浓淡、轻重、远近、冷暖、横竖、正斜等。对比，可以形成鲜明的对照，在对比中相辅相成，互相衬托，使图案活泼生动，而又不失完整；使造型主次分明，重点突出，形象生动。但是过分地对比，会产生刺眼、杂乱等感受。

调和是对造型各种对比因素所作的协调处理，使产品造型中的对比因素互相接近或有中间的逐步过渡，从而能给人以协调、柔和的美感。 对比与调和是相辅相成的。对比使产品造型生动、个性鲜明，避免平淡无奇；调和则使造型柔和亲切，避免生硬或杂乱。自然界就是一个既有对比又有调和的大世界，而人造的具有鲜明对比又有恰当的调和的环境，往往更富有动人的美感。

对比与调和是相对而言的，没有调和就没有对比，它们是一对不可分割的矛盾统一体，也是取得图案设计统一变化的重要手段。

（三）配色原则

颜色绝不会单独存在。事实上，一个颜色的效果是由多种因素来决定的：反射的光，周边搭配的色彩，或是观看者的欣赏角度。

有10种基本的配色设计：

①无色设计：不用彩色，只用黑、白、灰色。

②冲突设计：把一个颜色和它补色左边或右边的色彩配合起来。

③单色设计：把一个颜色和任一个或它所有的明、暗色配合起来。

④分裂补色设计：把一个颜色和它补色任一边的颜色组合起来。

⑤二次色设计：把二次色绿、紫、橙色结合起来。

⑥类比设计：在色相环上任选三个连续的色彩或其任一明色和暗色。

⑦互补设计：使用色相环上全然相反的颜色。

⑧中性设计：加入一个颜色的补色或黑色使它的色彩消失或中性化。

⑨原色设计：把纯原色红、黄、蓝色结合起来。

⑩三次色三色设计：三次色三色设计是下面两个组合中的一个：红橙、黄绿、蓝紫色或是蓝绿、黄橙、红紫色，并且在色相环上每个颜色彼此都有相等的距离。

（四）流行色以及流行时尚

1. 流行色

流行色与社会上流行的事物一样，是一种社会心理产物，它是某个时期人们对某几种色彩产生共同美感的心理反映。流行色是相对常用色而言的，常用色有时上升为流行色，流行色经人们使用后也会成为常用色。比如，今年是常用色，到明年又有可能成为流行色，它有一个循环的周期，但又不是同时发生变化。因此流行色有两类：经常流行的常用色及基本色，流行的时髦色。

2. 流行时尚

流行时尚是对一种外表行为模式的崇尚方式。其特征是新奇性、相互追随仿效及流行的短暂性，如年年有其崇尚的流行色，社会成员对所崇尚事物的追求，获得一种心理上的满足。

✎ 课后练习

1. 色彩纯度对比关系练习。

2. 色彩调和技巧练习。

3. 合理的运用色彩对比与面积、形状和肌理的关系进行皮具构图练习。

第四节

基本色彩的艺术表现

一、色彩的感觉

（一）色彩的进退和胀缩感觉

色彩有进退和胀缩的感觉，当两个以上的同形同面积的不同色彩在相同的背景衬托下，我们发现给人的感觉是不一样的。例如，白背景衬托下的红色与蓝色，感觉红色比蓝色离我们近，而且比蓝色大；当白色与黑色在灰背景的衬托下时，感觉白色比黑色离我们近，而且比黑色大；当高纯度的红色与低纯度的红色在白背景的衬托下，我们感觉高纯度的红色比低纯度的红色离我们近，而且比低纯度红色大。色彩比较中给人以比实际距离近的色彩叫前进色，给人以比实际距离远的色彩叫后退色，给人感觉比实际大的色彩叫膨胀色，给人感觉比实际小的色彩叫收缩色。

结论：在色相方面，长波长的色相——红、橙、黄给人以前进膨胀的感觉。短波长的色相——蓝、蓝绿、蓝紫有后退收缩的感觉；在明度方面，明度高而亮的色彩有前进或膨胀的感觉，明度低而黑暗的色彩有后退收缩的感觉。但也有背景的变化给人的感觉是，在纯度方面产生变化，高纯度的鲜艳色彩有前进与膨胀的感觉，低纯度的灰浊色彩有后退收缩的感觉，并为明度的高低所左右。

（二）色彩的冷暖感觉

一般来说，看到红、橙、黄时感到温暖，而看到蓝、蓝紫、蓝绿时感到冷。冷暖对比是一种生理感觉，如图3-4-1所示。在色轮中靠近朱红色就暖，靠近蓝绿色（也称青色）就冷。颜色冷与暖是相对的。在冷色与暖色并置时，在视觉和心理上有不同的感觉。

暖色有向前、放大、扩散的感觉，暖色令人感觉兴奋、喜庆、幸福和热烈；冷色则反之，给人以清爽和沉静感。暖色使人联想到日光、大地、泥土、干燥，显得较沉重、有刺激感；冷色使人联想到月光、大海、冰雪，显得有较冰冷和寂静的感觉。冷色和暖色并非是绝对的，一些冷色在它所属的冷色系中通过对比，能够产生相对偏暖的倾向。而暖色在它所属的暖色系中通过对比，也能够产生相对偏冷的倾向。冷暖色调如图3-4-2所示。

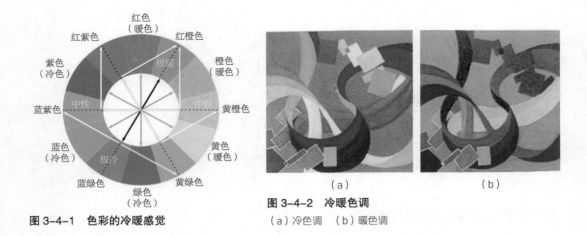

图 3-4-1　色彩的冷暖感觉

图 3-4-2　冷暖色调
（a）冷色调　（b）暖色调

（三）色彩的轻重和软硬感觉

等大的黑灰色铸铁块与等大的石膏块相比时，我们会觉得铸铁块重。同样等大的而且重量相等的三个石膏块，一个涂灰，一个涂黑，一个留白，我们会感觉黑的最重；如果一个涂红，一个涂黄，一个涂蓝黑，我们会觉得蓝黑的最重，涂红的次重。因此，决定色彩轻重感觉的主要是明度，明度高的色彩感觉轻，明度低的色彩感觉重。其次是纯度，在同明度、同色相条件下，暖色黄、橙、红给人的感觉轻，冷色蓝、蓝绿、蓝紫给人的感觉重。凡是感觉轻的色彩给人的感觉均为软而有膨胀，凡是感觉重的色彩给人的感觉均硬而有收缩。

（四）华丽的色彩和朴素的色彩

从色相看，暖色给人的感觉华丽，而冷色给人的感觉朴素。从明度看，明度高的感觉华丽。从纯度看，纯度高的色彩给人的感觉华丽。从色彩对比规律上看，互补色的对比显得华丽。当然这种感觉不是绝对的，还要因人而异，与个人的理解有关，因此对华丽与朴素的概念不是一概而论，只是相对的。

（五）积极的色彩和消极的色彩

积极的色彩与消极的色彩影响人的感觉，首先是色相，其次是纯度，最后是明度。色相方面：红、橙、黄等暖色，是最令人兴奋的积极的色彩；而蓝、蓝紫、蓝绿等给人的感觉沉静而消极；纯度方面：不论暖色与冷色，高纯度的色彩比低纯度的色彩感觉积极；明度方面：同纯度的不同明度，一般明度高的感觉积极。

二、色彩的联想与象征

（一）红色

红色是强有力，喜庆的色彩，具有刺激效果，易使人产生冲动，是一种雄壮的精神体现。表达方式：热情、活泼、热闹、革命、温暖、幸福、吉祥、危险等。

红色可以和蓝色混合成紫色，可以和黄色混合成橙色，和绿色是对比色。红色的补色是青色。红色是三原色之一，它能和绿色、蓝色调出任意色彩。红色的波长最长，饱和度最大时具有强烈的刺激性，外露，饱含热情、力量和冲动，给人活泼、生动和神秘的感觉，象征希望、幸福、恐怖、生命；较暗的红色具有沉重而朴素的感觉；较亮的粉红色个性柔和，具有健康、梦幻、幸福、羞涩的感觉，是女性的色彩。红色趋黄，则色感近似朱红，明度增高，热气较盛；红色趋紫，则明度降低，性格变得冷静、柔和，但若使用不当，会产生悲哀、恐怖的感觉。

由于红色容易引起注意，所以在各种媒体中也被广泛地利用，除了具有较佳的明视效果之外，更被用来传达有活力、积极、热诚、温暖、前进等涵义的企业形象与精神，另外红色也常用来作为警告、危险、禁止、防火等标示用色，人们在一些场合或物品上，看到红色标示时，常不必仔细看内容，即能了解警告危险之意，在工业安全用色中，红色即是警告、危险、禁止、防火的指定色。

（二）黄色

黄色亮度最高，有温暖感，具有快乐、希望、智慧和轻快的个性，给人感觉灿烂辉煌。表达方式：明朗、愉快、高贵、希望、发展、注意等。

黄色是绿色和红色的结合色。黄色的互补色是蓝。但传统上画师以紫色作为黄色的互补色。黄色波长居中，明度很高，色性暖，具有光明、高贵、豪华、轻薄、骄气、苛刻、狡猾等视觉特点。黄色易受到别的色相左右，在白底上的黄色暗淡无光；在浅粉红色底上，黄色表现出强烈的光感；在红紫色底上，黄色变得暗弱无力；在黑色底上，黄色最为明亮。黄色与其他色混合会很快失去自己的特性，加入少量黑色，黄色会很快会表现出绿色的性格特征。黄色明视度高，常用来警告危险或提醒注意，如交通标示上的黄灯、工程用的大型机器、学生用雨衣、雨鞋等，都使用黄色。

（三）绿色

绿色是自然界中常见的颜色，好比丛林的颜色深绿或呈艳绿，和在光谱中介于青与黄之间的那种颜色。介于冷暖色中间，和金黄、淡白搭配，产生优雅、舒适的气氛。表达方式：新鲜、平静、安逸、和平、柔和、青春、安全、理想等。

绿色波长居中，对于人的视觉是最适应的色，是一种性格温顺、饱满的色。绿色的表现意义是丰硕、肥沃、充实、和平、宁静、希望等。在绿色环境中锻炼能提高情绪、活力和愉悦感。也就是说，户外锻炼有益身心。对于古时候人来讲，绿色的环境意味着充足的食物和水源，对绿色的积极感觉在进化过程中融入大脑，并保存至今。绿色变化性很大，转调的领域非常宽，当明亮的绿色被灰色暗化时，会产生悲伤、衰退之感；如果绿色趋于黄色，会表现出清新、幼稚、朝气与青春；趋于蓝色，则显得端庄、冷峻并富有生命力；中等明度的绿色显得成熟；暗绿色则显得老练。绿色的表现力含有广泛的适应性，通过各种对比可取得许多不同的表现效果。

在皮具设计中，绿色所传达的清爽、理想、希望、生长的意象，符合了服务业、卫生保健业的诉求。在工厂中为了避免操作时眼睛疲劳，许多工作的机械也采用绿色；一般的医疗机构场所，也常采用绿色来做空间色彩规划即标示医疗用品。

（四）蓝色

蓝色是红、绿、蓝光的三原色中的一个，蓝色的对比色是橙色，互补色是黄色。表达方式：深远、永恒、沉静、理智、诚实、寒冷等。

蓝色波长较短，具有较强的空间性特征，表现意义为：沉静、理智、宽容、博爱、信仰、透明、冷淡、消极、阴影感等。明亮的蓝色使人联想到天空、海洋；灰暗的蓝色则使人感到迷信、恐惧、痛苦和毁灭；黄色底上的蓝色，模糊而暖昧；黑色底上的蓝色明快而纯正；淡粉红色底上的蓝色畏缩而空虚；暗褐色底上的蓝色生动而强烈；红底色上的蓝色更加明亮；绿底色上的蓝色明显向发红的方向转移。

由于蓝色沉稳的特性，具有理智、准确的意象，强调科技、效率的商品或企业形象，大多选用蓝色当标准色、企业色，另外，蓝色也代表忧郁，这是受了西方文化的影响，这个意象也运用在文学作品中或感性诉求的商业设计中。

（五）橙色

橙色是一种激奋的色彩，具有轻快、欢欣、热烈、温馨、时尚的效果。表达方式：光明、华丽、兴奋、甜蜜、快乐等。

在自然界中，橙柚、玉米、鲜花、果实、霞光、灯彩、太阳都有丰富的橙色。橙色波长仅次于红色，明度比红色高，具有兴奋、活泼、华丽、光辉的视觉特点。橙色淡化，其生动感顿失；橙色中加入白色，会变得苍白无力；橙色中加入黑色，变成模糊、干瘪的褐色；与蓝色对比时，橙色显得更加灿烂辉煌；与无彩色组合时，配色效果调和而又摩登。

橙色明视度高，在工业安全用色中，橙色即是警戒色，如火车头、登山服装、背包、救生衣等。由于橙色非常明亮刺眼，有时会使人有负面低俗的意象，这种状况尤其容易发生在皮具上，所以在运用橙色时，要注意选择搭配的色彩和表现方式，才能把橙色明亮活泼的特性发挥出来。

（六）黄绿色

黄绿色即黄色与绿色之间的过渡颜色，是暖色的起始色，由色彩中亮度最高的黄色与冷色的起始色——绿色相结合而得，且具有黄色的温暖和绿色的清新。黄绿色时而能够表现出自然的感觉，时而能够表现出未来虚幻的感觉。

原本这两种色彩之间有很大的差异，但黄绿色就像穿越时间隧道那样能够自由自在地表现出这两种截然不同的感觉。黄绿色和草绿色都会让人联想起大自然。在社会上，儿童和年轻人比较喜欢黄绿色。此外，黄绿色也带有一些浑浊感，经常被表现为疾病和毒素的颜色。

（七）蓝绿色

深浅不一的蓝绿色具有令人平和恬静的效果。从情感上说，蓝绿色是与得意、慷慨、财富、豪爽的感觉联系在一起的。蓝绿色是蓝色和绿色的混合色，代表一种甜美的女性特质，而较深的蓝绿色则于甜美中增添了成熟。

这里所说的蓝绿色是指通常人们看到这个色彩不会有中间的联想。这是因为蓝绿色的色相随着色调的不同，我们体会到的感觉也极其不同。与蓝绿色的具体象征意义相比，它经常作为红色的补色使用。具有的意义或象征和绿色极其相似，并且它位于绿色和蓝色的中间，所以与纯正自然的图片相比，用蓝绿色设计出的作品常给人以人工添加的感觉。

（八）蓝紫色

蓝紫色在色相环中位于蓝色和紫色之间，所以它也蕴含着紫色的一些神秘感。

低亮度的蓝紫色显得很有分量，而高亮度的蓝紫色显得非常高雅。在网页中，蓝紫色通常与蓝色一起搭配使用。蓝紫色可以用来创造出都市化的成熟美，且蓝紫色可以使心情浮躁的人冷静下来。明亮的色调直至灰亮的蓝紫色有一种与众不同的神秘美感。

（九）紫色

紫色波长最短，具有神秘、高贵、优雅、不安、病弱、孤独感。紫色是由温和的红色和沉静的蓝色混合而成，是极佳的刺激色，属于冷暖中间色调。明亮的淡紫色具有典雅、甜美、轻盈、飘逸的女性感；较暗的紫色象征迷信、不幸、消极、混乱、死亡；红紫色显得温和、明亮、积极、富有梦想；蓝紫色具有孤独、清高、献身、真诚的爱等意义。但作为时代的反映，在感情上，紫色给人安全感和有点儿梦幻的沉思。

紫色由于具有强烈的女性化性格，在商业设计用色中，紫色也受到相当的限制，除了和女性有关的商品或企业形象之外，其他类的设计不常采用为主色。

（十）金、银色

金色是一种最辉煌的光泽色，是权力和财富的象征。银色是一种近似灰色的颜色，并不是一种单色，而是渐变的灰色，是一种沉稳之色。金色、银色在表现中具有非常醒目的装饰感，当多种颜色配置不协调时，通过金、银色线、色块的穿插利用，会使整体效果趋于和谐统一，并表现出华丽、辉煌的视觉效果。在许多国家，黄金的色泽是金色，因此金色代表至高无上。随着当今科技产品越来越多地使用银灰色，银色的象征也正在发生着变化，银色可以产生一种速度感、科技感和前卫感。

（十一）白色

白色是一种包含光谱中所有颜色光的颜色，也称全色光。白色属于无彩色系，在整个色彩体系中，白色明度最高，是一个极端色。在绘画中，可以用白色颜料描绘白色，白色也是调不出来的颜色。白色可以混合其他颜料，使其色相减弱，明度提高。白色高洁而又内在，在皮具上巧妙地运用白色，可产生纯洁、高贵、神圣、整洁、高尚等视觉特点。白色有着很强的视觉冲击力，缺点是受环境色影响较大。

在皮具设计中，白色具有高级、科技的意象，通常需和其他色彩搭配使用，纯白色会带给别人寒冷、严峻的感觉，所以在使用白色时，都会掺一些其他的色彩，如象牙白、米白、乳白、苹果白。在生活用品、服饰用色上，白色是永远流行的主要色之一，可以和任何颜色作搭配，很多流行的时髦款式都离不开白色。

（十二）黑色

黑色和白色正相反，白色是所有可见光光谱内的光都同时进入视觉范围内，而黑色是没有任何可见光进入视觉范围。黑色与白色相对，居于整个色彩体系的另一端，明度最低，也是一个极端色。黑色在视觉上是一种非常消极的色彩，常使人想到黑暗、黑夜、寂寞、神秘、悲哀、沉默、恐怖、罪恶、消亡，但这种消极性也会由于不同的对比效果而发生转化，与黑色相配的色都会由它而备感赏心悦目。黑色又具有稳定、深沉的感觉，深受中、老年人喜爱，是皮具设计中应用最广的色彩。黑色让其他颜色看起来更亮，是几乎所有颜色的好搭档，和白色搭配可以提供很鲜明的对比。黑色非常富于表情，皮具设计中巧妙运用黑色可表现出高雅、优越、理性、神秘、庄重的视觉效果。在文化意义上，黑色是宇宙的底色，代表安宁，也是一切归宿。

黑色具有高贵、稳重、科技的意象，许多科技产品如电视、跑车、摄影机、音响、仪器的色彩，大多采用黑色。在其他方面，黑色庄严的意象，常用在一些特殊场合的空间设计，生活用品和服饰设计大多利用黑色来塑造高贵的形象，也是一种永远流行的主要颜色，适合和许多色彩作搭配。

（十三）灰色

灰色是介于黑和白之间的颜色。中性灰，是一种全色相色，由黑色、白色混合而成。其视认性、注目性依灰色的深浅而变化，明亮的浅灰色视认度高，越往黑靠近，视认度越低。浅灰色给人感觉平和、温文尔雅。深灰色具有冷漠、孤独感。

彩色灰是指由多种颜色（主要是补色）合成的颜色，具有复杂、不明朗的性格特征，给人平稳、内在、深沉、含蓄的感受，体现成熟的魅力。

在皮具设计中，灰色具有柔和、高雅的意象，而且属于中间性格，男女皆能接受，所以灰色也是永远流行的主要颜色之一。灰色比黑色隐蔽一些、朦胧一些、低调一些，不像黑色那么硬，那么鲜明刺眼，它甚至比黑色更有潜在的力量。在许多高科技产品，尤其是和金属材料有关的，几乎都采用灰色来传达高级、科技的意象。使用灰色时，大多利用不同的层次变化组合或搭配其他色彩，才不会过于朴素、沉闷而有呆板、僵硬的感觉。

✐ 课后练习

1. 色彩进退和胀缩的感觉练习。
2. 色彩的冷暖感觉练习。
3. 色彩的轻重感和软硬感练习。

第四章

皮具的材料设计

✎ 本章提要

本章主要讲授皮具主料、配件、辅料设计的内容。

✎ 学习目标

1. 认识和理解皮具材料的功能。
2. 认识和理解皮具原材料的特性。
3. 掌握皮具材料的套划和皮具材料分类。

　　皮具仅仅从款式造型上变化已无法满足人们对皮具的新需求和新渴望，无法满足人们体现自我个性的需要。因此，设计师们的注意力开始转向了皮具材料，通过材料的再设计来体现皮具的个性，皮具材料便开始向皮具材料艺术演变。

　　因此，对于皮具设计师来说，必须熟练地掌握皮具材料的种类、性能、质感，并能将各种设计理念与材料相结合，才能创造出耐用、持久和完美的皮具造型。

第一节

主料

皮具材料的发展经历了从远古时期的兽皮、草藤到现在的天然毛皮、人造毛皮、天然皮革、人造皮革、再生皮革，又到各种针（纺）织品，以及更丰富多彩的高科技功能性材料的发展过程。以下对皮具常用的几种面料类型进行简单的介绍。

一、天然毛皮

一般将鞣制后的动物毛皮称为裘皮。裘皮是高档皮具理想的材料，取其奢华、轻便、耐用且华丽高贵的品质。毛皮经过染色处理后可得到各种外观风格，深受人们的喜爱。

天然毛皮主要来源于兽毛皮。一般兽毛皮是由表皮层及其表面密生着的针毛、绒毛、粗毛所组成，但因动物种类不同，则这几种毛组成比例不同，因而决定了毛皮的质量有高低、好坏之差异。用作皮具材料的毛皮，以具有密生的绒毛、厚度厚、重量轻、含气性好为上乘。

（一）毛皮的构造与组成

兽的毛皮是由毛被和皮板组成的。毛被由针毛、绒毛和粗毛等三种体毛构成，它随着毛的生长过程而变换。针毛生长数量少，是长而伸出到最外部的毛，呈针状，具有一定的弹性和鲜丽的光泽，给毛皮以华丽的外观；绒毛生长数量多，是在针、粗毛下面密集生长着的纤细而柔软的毛，主要起保持调节体温的作用，绒毛的密度和厚度越大，毛皮的防寒性能就越好；粗毛的数量和长度介于针毛和绒毛之间，毛多呈弯曲状态，具有防水性和表现外观毛色和光泽的作用。

皮板是由表皮层、真皮层和皮下层组成的。表皮层很薄，主要起保护动物体免受外来伤害的作用，其牢度很低，在皮革加工中被除去。真皮层是原料皮的基本组成部分，也是鞣制成皮革的部分，分上、下两层。上层的乳头层具有粒状构造，形成皮革表面的"粒面效应"；下层的网状层主要由胶原纤维、弹性纤维和网状纤维呈网状交错而构成，使皮革结实、有弹性、能整体抗击外来冲击。皮下层的主要成分是脂肪，非常松软，制革过程中要除去。如图4-1-1所示为天然毛皮。

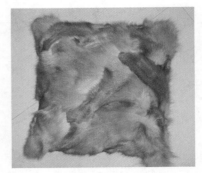

图4-1-1　天然毛皮

（二）毛皮品种

在皮具产品中，天然毛皮面料的应用有两种：一种是全毛皮皮具设计；另一种是毛皮饰边或装饰设计。全毛皮皮具是皮具产品中非常昂贵的品种，外表奢华名贵，一般选用花纹图案漂亮的毛皮制作，但是要求裘毛不可太长，毛的光泽性好而且灵活，高贵的毛皮包袋尽显女人华彩。毛皮饰边风格可爱秀丽，既可以镶嵌在皮革皮具的边缘也可以缀缝在纺织物皮具的袋口和拼缝等处，纤长而细柔的彩色毛皮带来活泼的毛茸时尚，是少女的最爱。毛茸茸的小装饰也会打破皮具的单调和均衡感，具有吸引目光的强烈效果。

天然毛皮的运用，为设计师提供了丰富的设计源泉，大大增加了设计的灵活变化性。应用于皮具的最常见的毛皮有以下几种。

1. 貂皮

貂皮是东北三宝之一，素有"裘中之王"之称。貂皮属于细皮毛裘皮，皮板优良，轻柔结实，毛绒丰厚，色泽光润。用它制成的皮草服装，雍容华贵，是理想的裘皮制品。

貂皮又分为紫貂、水貂、白貂皮和黑貂皮等。其针毛粗、长、亮，毛被绵软，绒毛稠密，质软坚韧，为高级毛皮。其中以紫貂皮较为名贵，紫貂皮产量极少，价格昂贵，因此又成为了人们富贵的象征，在国外，被称为"软黄金"。貂皮具有"风吹皮毛毛更暖，雪落皮毛雪自消，雨落皮毛毛不湿"的三大特点。如图4-1-2所示为貂皮。

图4-1-2　貂皮

2. 水獭皮

水獭皮光泽非常光亮而且耐磨防水，绒毛如"菊花心"般细密弯曲，毛被密生着大量的绒毛，其中含有粗毛，属于针毛劣而绒毛好的皮种，皮板薄而坚韧，外表华贵高雅，也是一种高档的裘毛品种。

3. 波斯羔皮

波斯羔皮又名三北羔皮，其毛被天然立体卷曲以不同的排列形式构成各式图案，毛卷坚实不易被破坏，颜色美观，色泽亮丽，以黑色居多，还有灰色、褐色和金黄色等，是世界上非常珍贵的羔皮品种。

4. 狐狸皮

狐狸皮毛细长，因生长地区不同，品
种也不同。针毛上带有界限分明的不同色
节，其绒毛丰厚色泽光润，皮板薄而柔韧，
属于高级毛皮。狐狸皮的外观非常美观，是
女性皮具中上乘的装饰品，尤其是用于饰边
装饰的时候，不同的色节带给人们全新的美
丽感受。如图4-1-3所示为狐狸皮。

图 4-1-3　狐狸皮

5. 兔皮

兔皮绒毛丰足，灵活性好，光泽度上佳，平顺灵活，毛色光润，皮板细韧，尤其是
色彩十分丰富，属于中低档裘毛品种。

二、人造毛皮

人造毛皮是指采用机织、针织或胶粘的方式，在织物表面形成长短不一的绒毛，具
有接近天然毛皮的外观和服用性能。

针织人造毛皮是指在针织毛皮机上采用长毛绒组织，由腈纶、氯纶或粘胶纤维做毛
纱，在织物表面形成类似于针毛与绒毛的层结构。其外观相似于天然毛皮，且保暖性、
透气性和弹性均较好。

机织人造毛皮是采用双层结构的起毛组织，经割绒后在织物表面形成毛绒。这种人
造毛皮绒毛固结牢固，毛绒整齐，弹性好，保暖与透气性可与天然毛皮相仿。

人造卷毛皮是采用胶粘法，在各种机织、针织或无纺织物的底布上粘满仿羔皮的卷
毛纱线，从而形成天然毛皮外观特征的毛被。其表面有类似天然的花绺花弯，毛绒柔
软，质地轻，保暖性和排湿透气性好，不易腐蚀，易洗易干，被广泛地用在各个方面。

在皮具设计中不但可以用于全毛皮皮具的制作，而且更多的是作为饰边材料，装饰
在纤维织物皮具的袋口、背带或拼缝等处，十分亮丽可爱，有时也用来制作充满童趣的
少年儿童皮具产品。

三、天然皮革

（一）天然皮革的特点

天然皮革的性能优于其他材料，其柔软、透气、耐磨、耐折、美观、强度高，是其他材料所无法比拟的，所以是高档皮具必备的材料。其性能特点可归结如下：

①天然皮革部位优劣差别很大。由于皮在动物身上部位功能的不同，生长发育也不同，制成革后其各部位纤维结构、密度不同，抗撕裂、抗张强度不同，尤其观感和手感、延伸性、耐曲挠性和加工性能都不同。这既有可利用的特点，又给皮具部件划裁造成了很大的困难，因此必须充分掌握其规律，具备应变能力。

②部位纤维结构具有方向性。每一张皮革的不同部位的纤维走向不同，当皮革受到拉伸作用时，不同部位延伸率不同。有些部位受力方向不同，其延伸率也不同，并且差距很大。

③具有良好的耐热性和耐寒性。

④耐磨、耐冲压性能好，具有易加工的特点。

⑤皮革柔软、坚韧，又有弹性和耐曲挠性，能够满足人们的需求。

⑥美观，并具有便于修饰、造型的特点。

一般经过加工处理的光面或绒面皮板称为皮革。皮具用皮革多以猪、羊、牛、马、鹿皮为主要原料皮，此外鱼类皮革、爬虫类皮革也用作皮具的装饰革及皮具等的加工制作。如图4-1-4所示为天然皮革。

图4-1-4　天然皮革

（二）天然皮革的种类

1. 按照天然皮革的来源分类

（1）牛皮革。牛皮革的结构特点是真皮组织中的纤维束相互垂直交错或略倾斜成网状交错，坚实致密，因而强度较大，耐磨耐折。粒面毛孔细密、分散、均匀，表面平整光滑，磨光后亮度较高，皮革各项性能良好，是优良的皮具材料。牛皮的种类很多，一般分为黄牛皮、水牛皮、牦牛皮等。

①黄牛皮革：黄牛皮的基本组织特征是表皮薄，毛被稠密，毛根陷入不深，皮肉脂腺、汗腺等器官不太发达，一般皮肉含脂肪较少。生胶质纤维可以分为恒温层与网状层两部分，恒温层是牛皮中平滑的一面，通常用作皮具表面；恒温层占牛皮截面厚度的

1/5、网状层占4/5。恒温层中的生皮胶质纤维比较短、细而紧密，纤维与纤维之间的排列近似垂直，所以皮面比较耐磨、坚牢。网状层中的生皮胶质纤维比较长、粗而疏松、纤维与纤维的排列近似平行，因此，网状层比较耐拉伸，有较好的抗张强度。恒温层上的毛孔较小，牛毛比较细密，所以牛皮革平整光滑，尤以黄牛皮革最优。

　　黄牛皮按其年龄、性别又分为犊牛皮、小牛皮、公牛皮、阉牛皮和母牛皮等几种。如图4-1-5所示为黄牛皮革。

　　②水牛皮革。水牛皮的毛皮稀疏、粒面粗糙，有明显的乳头状突起和皱褶，皮板质地枯瘦，面积大而厚重。组织结构纤维束粗大，交织不够紧密，故而耐磨性能较差，但水牛皮革抗张强度较高。

　　③耗牛皮革。耗牛皮的恒温层较厚，占截面的1/3。生皮胶质纤维与黄牛皮相近，但略松一些。皮的特点是毛长绒密，皮的部位差大，颈肩部最厚且皱褶很深，背臀部厚度较差，纤维束编织较紧密，腹部皮较薄且疏松。制成皮革较黄牛皮柔软，皮面粒纹细致但强度稍低些，又易松壳。

图 4-1-5　黄牛皮革

　　（2）猪皮革。猪皮革的结构特点是真皮组织比较粗糙，且又不规则，毛根深且穿过皮层到脂肪层，因而皮革毛孔有空隙，透气性优于牛皮，但皮质粗糙、弹性欠佳；粒面凹凸不平，毛孔粗大而深，毛孔在皮面分布比较稀疏，粒面乳头凸起明显，沟纹较深，这就使得猪皮的粒面比其他皮的粒面要粗糙得多。明显地三点组成一小撮则是猪皮革独有的风格。如图4-1-6所示为猪皮革。

图 4-1-6　猪皮革

　　（3）山羊皮革。山羊皮革皮身较薄，真皮层的纤维皮质较细，在表面上平行排列较多，组织较紧密，所以表面有较强的光泽，且透气、柔韧、坚牢。粒面毛孔呈扁圆形斜伸入革内，粗纹向上凸，几个毛孔成一组呈鱼鳞状排列。粒面基本无褶纹，因此，粒面比较细致。粒面层胶原纤维束较细，编织较细密。网状层胶原纤维束较粗，编织比较疏松。山羊皮革用于做高档皮具、皮靴、外套等。如图4-1-7所示为山羊皮革。

　　（4）绵羊皮革。绵羊皮革的特点是粒面细

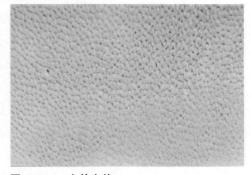

图 4-1-7　山羊皮革

致，毛孔细而密，粒面乳头小且凸起不明显，粒面很少有褶纹，因此比山羊皮革的细致。表皮薄，纤维束交织紧密，成品革手感滑润，延伸性和弹性较好，但强度稍差。粒面层与网状层连接较弱，易剥离，成革易空松、松面。绵羊皮脂腺发达，皮下脂肪细胞及游离脂肪细胞发达，脂肪含量高达鲜皮质量的30%，主要集

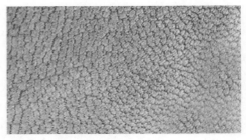

图4-1-8　绵羊皮革

中在粒面层下层和皮下组织中，以颈部沿背脊线到臀部分布最多，腹部分布较少。绵羊皮的厚度部位差、纤维编织部位差、粒面部位差均比山羊皮的小。绵羊皮分布于山区、半山区和草原，牧区较多，平原较少。绵羊皮革广泛用于皮具、服装、鞋、帽、手套、背包等。如图4-1-8所示为绵羊皮革。

（5）马皮革。马皮革比牛皮革组织稍粗，特别是后背部分的皮质细密坚实，可用于制鞋。其毛孔稍大呈椭圆形，斜伸入革内，形成波浪形排列。

此外，鹿皮革、蛇皮革、鳄鱼皮革等也常用于皮具和装饰上。

2. 按照所用的鞣制方法分类

按所用的鞣制方法分类可将天然皮革分为铬鞣革、植鞣革、铝鞣革、醛鞣革、油鞣革等。

铬鞣革成品收缩温度高，颜色亮丽多彩，手感丰满柔韧，富有弹性，物理机械强度好，耐热、耐磨、抗水、延伸性均好，在皮具的设计上应用最为广泛。铬鞣是皮具用皮革最主要的鞣制方法。

植物鞣革成品一般色彩深暗，伸缩性小，吸水易变软，可塑性好，容易整形，以黄褐色为主色调，有少量用在箱的设计上。

其他的无机鞣制方法单独进行鞣制的很少，多半是与铬鞣剂在一起进行结合鞣制。

3. 按皮革的表面状态分类

按皮革的表面状态分类或者说是按皮革表面涂饰情况和处理情况分，有全粒面革、修饰面革、轻磨砂革、正绒面革、压花革、彩印革、龟裂革等。

（1）全粒面革。指保留并使用动物皮本来表面（生长或鳞的一面）的皮革。全粒面革属高档皮革，表面不经涂饰或涂饰得很薄，保持了皮革的柔软弹性和良好的透气性，其制成品舒适、耐久、美观。如图4-1-9所示为全粒面革。

图4-1-9　全粒面革

（2）半粒面革。在皮革制作过程中经设备加工、修磨成只有一半的粒面，故称半粒面革。保持了天然皮革的部分风格，毛孔平坦呈椭圆形，排列不规则，手感坚硬，一般选用等级较差的原料皮，所以属中档皮革。因工艺的特殊性，半粒面革表面无伤残和疤痕且利用率较高，其制成品不易变形，所以一般用于面积较大的大型公文箱类产品。如图4-1-10所示为半粒面革。

（3）修饰面革。指部分或全部除去动物皮本来表面，再在上面敷以人造薄膜的皮革，有头层修饰面革和二层修饰面革。表面薄膜是以各种化学材料配制成的涂饰液经多次涂饰及压制某些花纹而成的，也有的涂饰面革是将预先制作的化学薄膜移贴到皮革表面，也叫移膜革或贴膜革。修饰面革主要是弥补原料皮表面不足，其透气性差，坚牢性低，耐折性抗老化性降低，穿用不如全粒面革舒适，但其抗水性好，易于清洁和保养。如图4-1-11所示为修饰面革。

（4）轻磨砂皮革。轻磨砂皮革以牛皮、羊皮品种为常见，轻磨砂皮革风格自然朴素，表面遍布细密的小绒毛，用手抚摩有绒毛倒伏的明暗变化，具有一定的丝绸感。轻磨砂皮革一般由粒面稍有伤残的原料皮制造，在皮具设计中常与涂饰皮革搭配使用，从而形成表面风格的迥异对比和光泽明暗的呼应。

一般分为正面绒面革、反面绒面革和双面绒面革三种。其中正绒面革是以原料皮的正面作为成品革的正面，要求起绒均匀细密，染色牢度好，手感柔软，丝绒感和对光的敏感性好，在皮具设计中，多用于休闲皮具的设计和与涂饰面革的拼配使用；如果原料皮粒面伤残比较多，可以做成反绒革，在原料皮的肉面起绒，质量要求同正绒革类似；而双绒面革是在原料皮的正反两面都做起绒处理，手感十分柔软。如图4-1-12所示为猪绒面革。

（5）压花革。压花革是用热和压力在皮革表面的涂饰层上压制各种人造花纹，比如蛇皮纹、蟒蛇皮纹和其他凹凸感强烈的花纹图案或文字。压花当然会使皮革表面更加美观，有时甚至加入各种时尚元素，但不免有些失真而减

图4-1-10　半粒面革

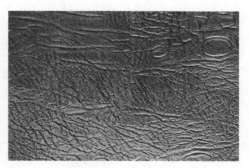

图4-1-11　修饰面革

图4-1-12　猪绒面革

弱天然气质，增加一定的塑料感，在某些图案较大或者是凹凸纹上会出现不易察觉的断纹和拼接痕迹，会在一定程度上降低产品的价值。压花革在皮具设计中可单独应用，也可以与其他涂饰面革搭配使用，风格或前卫或别致，是一种很有潜力的皮革品种。如图4-1-13所示压花革。

图4-1-13   压花革

（6）彩印革。彩印革与纤维面料的花纹图案有些类似，现在有多种色彩和各种花纹纹样设计，表面装饰性甚至可以与纺织产品媲美，是一类非常有发展前景的面料形式。彩印革风格随表面纹样的变化而变化，设计出的皮具产品或者花团锦簇，或者高雅非凡，或者朴素自然，在皮具设计上应用非常广泛。如图4-1-14所示彩印革。

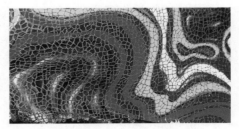

图4-1-14   彩印革

（7）效应革。皮具还使用很多其他的表面特殊效应皮革，其制作工艺要求同修饰面牛皮，只是在有色树脂里加带有珠光、金属铝或金属铜综合喷涂在皮革上，再涂一层水性光透明树脂。其成品具有各种光泽，鲜艳夺目，雍容华贵，为目前流行的皮革，属中档皮革。主要品种有仿漆革、皱纹（龟裂）革、摔纹革、擦色效应革、消光革、珠光革、荧光效应革、珠光擦色效应革、仿旧效应革、牛仔革、水晶革（仿打光）、卵石粒纹革、磨砂效应革、蜥蜴革、变色革、绒面革等。多是在皮革表面做文章，或花哨或拙朴，很多具有高科技技术含量，甚至具有特殊的使用功能，由此给设计师带来万千的别样设计。

四、革类

（一）人造革

人造革一种类似皮革的塑料制品。20世纪80年代，由于昂贵的皮衣皮料一般人消费不起，应市场需求，仿天然皮革的人造革一度流行起来，被广泛应用于制衣、箱包行业。人造革通常以织物为底基，在其上涂布或贴覆一层树脂混合物，然后加热使之塑化，并经滚压压平或压花，即得产品。人造革近似于天然皮革，具有柔软、耐磨等特点。根据覆盖物的种类不同，有聚氯乙烯人造革（PVC）、聚氨酯人造革（PU）等；根据覆盖层发泡与否，又分泡沫人造革和普通人造革；按照用途有皮具人造革、服装人造革、鞋用人造革等。

人造革的布基有两种。一种是布基，布基人造革是在天然纤维织物或合成纤维织物上涂刮一层塑料（如聚氯乙烯），经过一定温度的塑化发泡成型后，打光或轧制花纹即成光面或压花人造革。如在聚氯乙烯糊状树脂布基上涂刮后，撒上起毛剂（如经轧研的食盐），经塑化、水洗、干燥后，则成为绒面人造革（俗称麂皮绒）。另一种是棉基，棉基人造革的生产程序与布基人造革相同，只是底基不同罢了。

人造革的性能主要取决于涂覆材料的特性，它具有相对密度小、力学强度大、耐酸、耐碱、耐油、耐折、不透水等优良性能。在外观上，人造革的色彩鲜明、花纹多样，极为美观，是制作各种皮具的重要原材料。

（二）合成革

合成革是以织布、无纺布（不织布）、皮革等材料作为基布，用人工合成的方法形成聚氨酯树脂的膜层或类似皮革的结构，外观像天然皮革的一种材料，通常以经浸渍的无纺布为网状层，微孔聚氨酯层作为粒面层制得而成。其正、反面都与皮革十分相似，并具有一定的透气性，比普通人造革更接近天然皮革。

1964年，美国杜邦公司最先制成商品名为柯芬的合成革。这种合成革用合成纤维无纺布为底基，中间以织物增强，并浸以与天然革胶原纤维组成相似的聚氨酯弹体溶液。此弹体在水中凝固，其溶剂被水置换，因而在弹体中形成微细小孔。这些孔互相连接，由表及里形成坚韧而富有弹性的微孔层，成为合成革的表层，并与底基构成整体。由于无纺布纤维交织形成的毛细管作用，有利于湿气的吸收和迁移，故合成革能部分表现天然革的呼吸特征。1965年日本可乐丽公司研制成两层结构的合成革，取消了中间织物，以改善成品的柔软性。现代合成革品种繁多，各种合成革除具有合成纤维无纺布底基和聚氨酯微孔面层等共同特点外，其无纺布纤维品种和加工工艺各不相同。如采用丁苯或丁腈胶乳底基浸渍液，以得到无纺布纤维与聚合物间的特殊结合；结构层次不同，有3层、2层和单层结构；采用表面压纹和鞣革工艺制造绒面合成革等。

五、纺织材料

在针（纺）织材料中，可以作为皮具面料的织物有聚氯乙烯涂布和普通织物两大类。其中，聚氯乙烯涂布是在正面或反面贴有透明或不透明聚氯乙烯薄膜的纺织物，如苏格兰方格布、印花布等。这种材料生产有各种颜色和图案，而且具有相当高的防水性和耐磨性，可以用来制作旅行包、运动包和学生用包等品种，表面风格轻松活泼，色彩艳丽丰富。

普通纤维织物在皮具设计中既可以作为面料的主选材料，也可以作为皮具内部的里料。一般来讲，纤维织物的分类方法很多，最常用的是按其原料的来源进行分类，这种方法可以将纤维织物分为两大类，即天然纤维织物和化学纤维织物。

（一）天然纤维织物

天然纤维织物是指用天然纤维制成的织物，天然纤维又分为植物纤维、动物纤维和矿物纤维。天然纤维是从自然界原有的或经人工培植的植物上、人工饲养的动物上直接取得的纺织纤维，是纺织工业的重要材料来源。棉、麻纤维属于天然植物纤维，丝和毛纤维属于动物纤维，石棉是天然矿物纤维。所以，根据其原料来源的不同又可将天然织物分为四大类：棉织物、毛织物、丝织物、麻织物。在皮具产品上，这四种天然纤维织物都可以作为面料，棉织物和丝织物也可以作为里料，而毛织物和麻织物则很少用在里料上。

棉织物纤维细短，手感柔软，但光泽略显暗淡，市场价格低廉，有平纹、斜纹和锻纹等组织结构形式，花色图案非常丰富，适宜设计中低档日用型女包，可以用花边、滚边和刺绣等方法装饰表面。

毛织物光泽好，弹性高，手感舒适，织物具有一定的厚度，皮具的成型性良好，一般用于设计大中型皮具制品。

丝织物纤维柔软而细密，表面光泽性非常好，外观华丽富贵，是女性高档手包的上佳原料，在其上镶嵌钻石或珍珠则更显奢华魅力。丝织物也是高档衣箱的里衬材料，对内装衣物具有非常好的保护作用。

麻织物纤维粗硬，强度高但光泽略差，色彩明度略低，手感也有些粗糙，但其风格自然随意，也具有独特的吸引力，是女性日常休闲用皮具的主选面料之一。

（二）化学纤维织物

化学纤维织物是指以高聚物为原料（如天然气、石油、炼焦工业中的副产品等），经过化学处理与机械加工制成的纺织纤维织成的织物，通常包括人造纤维织物和合成纤维织物两大类。化学纤维织物的强度高，耐磨性好，挺括而且缩水率小，尤其是耐化学试剂性能强，但具有一定的带电性。化学纤维的种类很多，一般来讲，人造纤维多命名为"纤"，合成纤维命名为"纶"。例如，人造棉织物、人造丝织物、腈纶织物和涤纶织物等。

人造纤维指用纤维素、蛋白质等天然高分子物质为原料，经化学加工、纺丝、后处理而制得的纺织纤维。用失去纺织加工价值的纤维原料，经人工溶解或特殊工艺再抽丝而制成，其原始化学结构不变，纤维成分仍分别为纤维素和蛋白质，但形成物理结构、化学结构变化的衍生物，组成成分为醋酸纤维素。

人造纤维织物分为人造棉织物、人造丝织物、人造毛织物等品种。其中人造丝织物在皮具的设计中应用非常广泛，主要品种有无光纺、美丽绸、羽纱等。无光纺由平纹组织构成，质地轻薄柔软，略显透明，价格低廉，一般用于中低档皮具；美丽绸是斜纹组织，因此织物具有一定的厚度感，正面手感滑爽，光泽度好，反面暗淡无光，花色图案丰富，与中高档皮具产品匹配；羽纱丝光感强，正面是斜纹，反面为平纹组织。人造丝织物主要用于皮具的里料。

合成纤维织物分为涤纶织物、锦纶织物、腈纶织物和氨纶织物，在皮具产品中应用得比较少。

✎ 课后练习

1. 如何区分天然毛皮与人造毛皮？
2. 按结构和涂覆层不同分别把合成革和人造革进行分类，并说明其特点。
3. 如何区分天然皮革与人造皮革？

第二节

配件概述

随着生活观念的改变、生活品质的提高，皮具如同服装、发型，其第二个"装饰"职能开始出现并日益显得重要，尤其是随身携带的手袋。模特表演，人们出街入市、照相、外出旅行，都把手袋作为形影不离的伙伴。眼花缭乱的各种手袋配件把手袋的美观、华贵感表现得淋漓尽致。各种配件不仅对手袋起到功能作用，更多是起到承托点缀手袋款式的画龙点睛作用。配件在皮件生产占有特殊重要的地位，采用哪种配件，与制品的结构设计直接有关。

各类皮具装饰件的选配也在不断变化发展之中，以下介绍皮具装饰件一些基本的种类。

一、开关部件

架子口、盖锁、拉链和其他各种封口装置（如有扣针的皮带扣、五棱扣、锁框、枪套按扣、装饰纽扣等）均属关闭皮件制品（包括提包）用的配件，它们在结构、尺寸、形状、固定方式、封口方式等方面均各有特点。

1. 架子口

架子口是由两个固定在活动关节上的口框组成，有时一个架子口可以有两个辅助口框，以形成中隔。口框的基本形状为长方形、四角呈圆形的长方形和椭圆形，也有其他形状较复杂的架子口。架子口框的高度和框上槽沟的尺寸宽度和深度根据所用材料的厚度和提包的结构而不同。口框形状有下列几种，如图4-2-1所示。

口框断面和开槽的位置，对准确计算出提包结构设计中部件的连接加固余量有重要影响，为此，必须正确确定开槽的适宜位置。可以沿整个口框周长（口框上部和两侧）上开槽或只在上部开槽，两侧不开。

图4-2-1　口框形状

架子口的结构有以下三种。

①两个口框的内侧互相连接，或其中的一个口框（前框）套在另一个口框（后框）的里面。这种结构常见于旅行包上的架子口。

②一种由两片不开槽的金属框条组成的新型架子口在旅行包和公事用包上广泛采用。这种口框外面用面料包覆，或穿入提包上部预先缝好的边缘中，弯成两头呈圆角的Ⅱ字形，再用活动关节将其连接在一起，这种两个口框的框条或相互重叠套接（后框套在前框上）或两个口框相互比邻对接。架子口封口装置也是各式各样有"啪嗒"响的锁头锁环。

③有类似盖锁的较复杂的封口装置，它们的装置位置在后框上或在两个框子上，或在前框框壁上，

如图4-2-2所示为架子口包。

图4-2-2　架子口包

2. 盖锁

盖锁的种类、形状、结构和尺寸繁多，带盖包上常用的有以下几种：

①普通盖锁：由锁壳和连接板构成，锁壳内装有封口锁紧机构。

②插锁：由安装在包体上的锁环和内部设有封口锁紧机构连接板构成。

③转锁：有带旋转头（由此得名）的锁壳和连接板构成，连接板的豁口能用于各种形状的锁头。

④按扣锁：这是暗锁，由特殊结构的锁座和锁头构成。手套和皮包用的按扣有时也属此类。

⑤各种形状和尺寸的皮带和鞊（带有扣针或为五棱扣）。

⑥各式封口装置：纽扣或铆钉和合页等。

上述盖锁借助能弯曲的腿柱（镶紧铆钉），使铆钉和钉子固定在皮件制品上。

3. 拉链

制作提包时常使用各种尺寸的拉链，既可用来关闭提包，也可用来关闭内兜和外兜。

（1）布带分类

布带一般是按材质、米牙的大小、功用分类。

①按材质分为尼龙、塑钢、金属等。

②按大小分为10#、8#、7#、5#、3#等。

③按功用分为百码拉链（成捆销售，使用时根据需要的长度截取）、条状拉链（条状拉链有前铆、后脚，多用于鞋服产品，一般分左插式和右插式，而且有开口和闭口、长度的区分。）、防水拉链（防水拉链为反穿，且因上胶的不同分为上雾胶拉链和亮胶拉链），等等。

拉链结构如图4-2-3所示。

（2）拉头分类

拉头的结构如图4-2-4所示，拉头类型如图4-2-5所示。

①按材质分为塑钢、金属、塑料拉头等。

②按拉片分为普通（无拉片、短拉片、长拉片）、客户专用拉片。

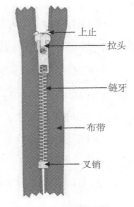

图 4-2-3 拉链结构

图 4-2-4 拉头结构

图 4-2-5 拉头类型

常用拉头为金属拉头，因其电镀工艺不同，可分为电白、沙电、电着黑、烤雾黑、黑镍、古铜、哑铜、挂电白、挂真金等（注：电镀工艺要注意每批货的色差问题，拉链拉头一定要配套使用，有时不同厂家的拉链拉头也可能存在不配套的问题）。

4. 塑胶扣具

（1）按功能分

有以下5种。

①插扣系列。又称旁开扣，插扣一般用于肩部、腰部的固定。

②勾扣系列。勾扣、D扣、压扣、日扣、方扣、梯扣统称为勾扣。通常勾扣和D扣同时使用；日字扣起着调节织带长短的作用；梯扣一般用在织带端，起着主要的固定作用。

③绳扣系列。绳扣可选口径大小不同，有单孔和双孔，适用于各种OO绳、尼龙绳、松紧绳。并可根据客户的要求设计LOGO。

④胶脚系列。胶脚分为粒状和条状，用在包或箱的底部，保护物品不受磨损，是皮具不可缺少的材料，并且具有防滑的功能，保护物品在特殊情况下不因冲击而损坏。

（2）按材质分

常用的插扣材料一般为POM（聚甲醛，俗称赛刚）；勾扣材料一般为POM、PA（聚酰胺）、PP（聚丙烯）；绳扣的材料一般为PA、PP、PC（聚碳酸酯）、POM。

确定扣具的规格主要是宽度、高度和线径，特殊的扣具需参照厂商目录，不同厂商因其模具不同，生产的产品也会存在差异。

二、加固和连接单个部件用的配件

1. 把托及其配件

在连接单个部件的各种配件（普通铆钉、空心铆钉、开口铆钉等）中，把托占有特殊重要的地位。把托的结构和外形特别多，有的甚至尚无统一名称。它们大致可以分为框形把托、圆形把托、半环形把托、圆柱形把托等。

2. 钉类

指用于铆锁的锁钉、固定部件的专用金属铁钉，如子母钉，撞钉，中空钉等，有多种规格。如图4-2-6所示为子母钉。

图 4-2-6　子母钉

图 4-2-7　包饰扣

图 4-2-8　四件扣

3. 纽类

　　既可以装饰又有实用作用的扣子类。如起装饰点的纽扣，起扣子作用的四件扣（四合扣），有多种图案形状。如图4-2-7、图4-2-8所示。

三、标类

1. 金属标

　　金属材料上印刷LOGO，如图4-2-9所示。

2. 烙印标

　　烙印标材质分PVC和矽胶（矽利康）。烙印标如图4-2-10所示。

图 4-2-9　金属标志

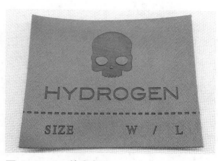

图 4-2-10　烙印标

3. 布标和缀标类

如样品标、产地标等。

四、鸡眼

鸡眼的种类很丰富，其造型各异，一般中间有大面积的孔，在皮具上起到装饰或穿绳的作用，防止皮料的磨损。如图4-2-11所示为不同类型的鸡眼。

图 4-2-11　不同类型的鸡眼

五、提带类配件

有弹簧片的弹簧钩如图4-2-12所示。调节皮具带子长短，具有两方孔的三道链，形状如"日"字，如图4-2-13所示。

图 4-2-12　弹簧铁钩

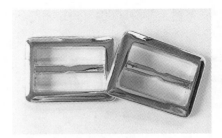

图 4-2-13　三道链

六、装饰、实用配件

用于皮具的很多饰件不仅仅起到装饰作用，同时具有很强的实用功能性。下面介绍一些常见的装饰、实用配件。

1. 底钉

安装在箱、包的底部起站立支撑作用，使箱、包底部免受磨损的泡钉，有金属、塑料等多种材料的，又称底钉。泡钉因钉头有一小圆形铜泡而得名，是固着铜饰件用的钉子。

2. 松紧带

常用松紧带为强力松紧带，可用于笔插、包边等。松紧带对折用于包边比较漂亮，主要是日本客户用得较多。松紧带还有医疗松紧带、针织松紧带等。在注重绿色环保生活的今天，松紧带趋向于选用无毒无害的TPU（热塑性聚氨酯弹性橡胶）作为原材料，且可添加进辅助的高弹助剂，以增强其弹性。

七、其他

用于皮具辅助的材料还有以下几类。

1. 聚乙烯（PE）板

PE板主要用于手袋内托成型等，可分为再生料和新料，而新料又可分为发泡和不发泡的。具有韧性高，抗拉，耐磨性能好等特点。在化工、服装、包装、食品等领域有广泛应用。

2. P形管、圆形管

常用规格为2mm、2.5mm、3mm、4mm，有光面、雾面和空心、实心的区别。P形管、圆形管主要用于皮具边缘的修饰，其次是包底根据款式造型的需要也会加上一圈用来定型。通常在P形管上包一层皮具本身的面料，镶嵌在幅面边缘一周，与皮具整体在色彩上保持一致。另外一种做法就是在P形管上包裹其他颜色的面料，与皮具进行搭配互补，主要作用还是镶嵌P形管用来定型，使包体更有型。

3. 轮子轮套

要和轮子配套使用，材质分聚氨酯和聚丙烯等，要有较好的耐磨性能和耐高温性能。

4. 拉杆

拉杆箱的拉杆分为内置杆和外置杆，其区别可以用很通俗的解释就是一个拉杆是在内部的，一个拉杆是在外部的。外置拉杆箱有一小部分拉杆在外面，内置拉杆箱的拉杆全部在里面。拉杆分类如下：

①按照材质，拉杆可分为铁管拉杆、铝管拉杆、外铁内铝拉杆。

全铝材质比较轻，坚固，不易变形，成本比较高，在高档的箱包上用得比较多。

②按照拉杆形状，可分为椭圆管、圆管、D形管、鼓形管、条纹管、方形管等。

③按照拉杆所处位置，分为内置拉杆和外置拉杆。

④按照拉杆长度，拉杆可分为3节、4节、5节。箱子上的拉杆有的是带按钮的，按下按钮之后拉杆能很快弹起；有的是直接拉伸进行长度调节的。

如图4-2-14所示为箱包拉杆。

图4-2-14　箱包拉杆

✎ 课后练习

1. 盖锁的种类、形状、结构和尺寸繁多，带盖包上常用的有哪几种？
2. 试述扣具按功能分为哪些种类。
3. 目前用于箱子拉杆的材质有哪些？说明其对拉杆的性能影响。

第三节

辅料

对于箱包来讲，辅料虽不是箱包最主要的材料，却有着重要的作用。

一、里料

皮具里料主要是用来辅助产品造型，同时起到保护面料的作用，当然，也为了美观的需要。里料的主要品种有人造革和纺织物两大类。对于人造革，主要选用手感比较柔软、厚度较薄的品种，例如具有泡沫感的仿羊皮革、聚氯乙烯人造革等，具有很好的成型性和清洁卫生性；而在纺织物中，主要应用化学纤维面料中的人造丝织物，由于其滑爽和具有光泽，可以增加皮具产品的美观性和适用性。

二、衬料及填充材料

衬料及填充材料主要是用来辅助产品的造型，同时赋予产品手感的丰满柔软性。其中有两种截然不同的材料。一种是硬衬材料，用于硬结构皮具的内衬，从而辅助产品的成型；另一种是软衬材料，用于软体结构包和半硬半软结构包体的撑形，使包体有一定的饱满感。

三、边油

涂边油是为了使部件边缘切口不外露。边油也是一种染色剂，它可以节省物料。油边处理的方法不同，厚油法适合于高档的皮革制品加工，要求边缘光滑饱满；薄油法对软硬皮革都通用，但是边缘处可见粗糙的纤维和贴合的缝隙，多用于休闲手袋的加工。目前企业主要用机器油边，人工辅助。

四、胶水

由于皮具面料具有一定的厚度和韧性，不易产生弯折变形，因此，在皮具的生产制作过程中，很多时候都需要使用胶粘剂来进行局部的加工固定，而且有时在箱体的制作中，也有很多部位甚至直接用胶粘剂固定而不再使用线进行缝制。因此，胶粘剂是非常重要的辅助材料之一，胶粘剂也是连接加固部件的材料之一。根据其用途不同可分为部件预粘合用胶粘剂和整个包或部件正式粘合用的胶粘剂。

1. 胶粘剂分类

根据原料的不同，胶粘剂分为三类：

①动物胶：用动物蛋白质制成（如皮胶、骨胶），呈淡黄色到棕色。能溶于水，微溶于酒精，不溶于有机溶剂。其水溶液具有表面活性，黏度较高，冷却后会冻结成有弹性的凝胶，受热后又恢复为溶液。

②植物胶：植物胶不溶解于乙醇、甘油、甲酰胺等有机溶剂，水是植物胶的唯一溶剂。其成分为淀粉或蛋白质（淀粉浆、面粉浆、糊精胶等），天然胶水是用亚硫酸盐、碱液、酒精浓缩物制成的浆子。

③合成胶：用化学方法制成的胶粘剂，如以羧甲基纤维素钠盐为基料的NA-KMII牌胶粘剂：XBJI-21牌过氯乙烯清漆；聚醋酸乙烯酯乳液；以丁二烯-苯乙烯胶乳为基料的胶粘剂等。

2. 皮具胶粘剂应具备的条件

①对皮具革的收缩性小，以免影响粘接部位的平整度和外观质量。

②使用后粘接部位柔软度变化比较小，与通身基本保持一致。

③胶粘剂毒性较小，而且刺激性气味小。

④溶剂挥发较快，不影响操作工序的进程。

⑤粘接强度符合产品设计和工艺要求。

3. 皮具制作过程中用到的胶水

（1）粉胶

粉胶是淡黄色黏液。粉胶的优点是容易返工和清理，且耐热性佳。只要沾上白电油就可以溶解，缺点是与光滑的PVC底粘不牢，就算当时能粘上去，但时间长一点就会脱落。粉胶比万能胶价格便宜，一般做天然皮革皮具常用粉胶。

（2）万能胶和强力胶

万能胶（又名黄胶）是以氯丁乙烯橡胶为主要成分、耐热、耐气候的水剂型黏合剂，最大的特点是表面不易结膜，且具有较长的陈放时间、较短的加压时间、干强度高、环保等特点。主要用于皮革、PVC等物料的粘贴，还有车假线后再粘贴部件。

强力胶也叫237药水糊，其粘接强度和万能胶差不多，但它干后不会变黄。

万能胶和强力胶的特点是附着力很强，不容易脱落，但价格相对要高一些。这两种胶容易腐蚀物料，有些物料不能使用，而且弄脏物料的胶水干了之后不容易擦掉。

（3）白胶

白胶是皮具制作最常用的胶水，因为价格很便宜，且不会腐蚀和渗透物料，大面积的喷胶都用白胶。如果是PVC（聚氯乙烯）光滑底物料，喷胶前要先喷7B水（7B水也叫洗涤水，没有黏性，主要作用是腐蚀光滑的PVC底，提高其他胶水在上面的附着力。），否则粘不牢。白胶在一般的情况下不能兑水，兑水之后时间长会变臭。

（4）汽油胶

最近几年，在皮具生产中天然橡胶胶粘剂应用最多。天然橡胶胶粘剂以汽油为溶剂，所以，通常又称为汽油胶，这种胶粘剂的毒性较小，挥发快，对产品的粘污性小，而且价格低廉，使用方便，但它的粘合能力不强，只能用于暂时性的粘合，一般主要用在里料、拉链和那些粘接后用线固定的部件。

（5）氯丁胶胶粘剂

这种胶粘剂黏度高，溶剂挥发快，适合获得永久性粘合的部位，但其溶剂中含有苯或甲苯，具一定的毒性，不但对人体有害，而且其蒸气与空气混合易形成爆炸性混合物，使用时要注意通风防火，严防中毒。

目前，我国已研制出低毒性胶粘剂，相信不久的将来会大量应用于皮具的生产中。

五、胶纸

在皮具制作中，有时也用双面胶条作为辅助制作的手段，在一定程度上提高皮具的生产效率。常用于皮具部件预粘合的胶纸有双面胶条、透明胶带。

六、缝纫线

缝纫线是皮具制作的主要辅料之一，它具有功能性和装饰性双重作用。有尼龙线、涤纶线、邦迪线、棉纱线、马克线、透明钓鱼线等；线的型号一般分10$^\#$、20$^\#$、30$^\#$、40$^\#$，虽然它的用量和成本所占的比例并不大，但缝线工序占用工时的比重大，而且直接影响缝纫效率、缝制质量和外观效果。

缝纫线的种类繁多，按其所用纤维原料的不同，可分为天然纤维缝纫线和合成纤维缝纫线。

天然纤维缝纫线包括棉线和丝线两大类，这种线具有良好的尺寸稳定性和优良的耐热性，但其强度比较差，目前主要用于手缝固定。

合成纤维缝纫线的主要特点是拉伸强度大，水洗缩率小，耐磨性好，耐潮湿不易被细菌腐蚀，而且它的原料充足，价格低，可缝性好，是目前应用最多、实用性能最好的品种。合成纤维缝纫线的主要品种有涤纶线、锦纶线、腈纶线和维纶线四种。

在合成纤维缝纫线中，涤纶线和锦纶线应用最多。涤纶线比较常用的是普通涤纶线、涤纶长丝线、涤纶长丝弹力线三种。其中普通涤纶线由于价格低，强度高，耐磨、耐化学品性好而占据主导地位。涤纶长丝线含油率高，接头少，强度更高，因此多用于军用产品的缝制。而涤纶长丝弹力缝纫线主要用于有弹性面料的缝制。在皮具产品的缝制中，涤纶线主要用于里料或辅助材料的缝制，有时也用于薄型皮革面料或纺织物面料的表面缝制。锦纶线有长丝线、短纤维线和弹性变形线三种，目前主要品种是锦纶长丝缝纫线，它与涤纶线相比，强度更大，弹性更好，质量轻，而且光泽性好，所以，在皮具产品的缝制中，锦纶线主要用于面料的缝制。

✐ 课后练习

1. 根据原料的不同，胶粘剂可以分哪几类？他们的原料分别是什么？
2. 适合于皮具制作的胶粘剂应具备哪5个条件？
3. 皮具制作过程中用到的胶水有哪些？它们各自的特点是？
4. 缝纫线的种类繁多，按其所用纤维原料的不同可以大致分成哪两类？它们又能各自细分成哪几类？

第二篇　皮具样板（纸格）制作

皮具的样板制作也称为出纸格，即用卡纸根据包体的结构款式进行样板制作，得到的样板称为纸格。

一、包体的部件及其用途

皮具的所有部件均有其既定的用途、形状和尺寸。通常可分为三种：包体外部部件、包体内部部件和包体中间部件。

（一）外部部件

外部部件是指位于皮具外部表面的部件，外部部件可以造型多样。这类部件在不同款式的包体中反复出现。每种款式的包体外部部件都有自己的特点，正是这些部件的变化导致包体款式的千变万化，基本上就是将这一部件与另一部件组合在一起，有时也是在这些部件上进行创造，在细节上进行一系列变化，变成一些新的部件。

根据包体用途和尺寸的不同，皮具外部部件的形状和尺寸也各不相同。设计皮具时，外部部件分为主要外部部件和次要外部部件两种。

1.　外部主要部件

外部主要部件是指那些构成包体的主体部件。这些部件决定包的形状和尺寸，同时也起到功能的作用。它们是前后扇面（幅面）、包底和堵头（横头）或前后扇面（幅面）和墙子（围子）。带盖包的盖子也属主要外部部件。皮具的包体也可用整块材料制作，即前后扇面充当包体的两侧和底部，把包的前后扇面（幅面）、两侧和包的底部设计成一个整体。

（1）扇面

扇面是包体的主体部件，在不同的包体结构中充当不同的角色。是构成包体前后部分的部件，故有前扇面和后扇面之分。扇面的一部分可能成为拉链条和褶饰，拉链条可以增加包的上部容积，开关部件的拉链和架子口就安装在它的上面。扇面的形状和尺寸决定整个包体的尺寸，扇面的形状常为长方形、梯形、椭圆形或其他几何图形。

（2）包底

包底是决定包体形状的关键部件，有长方形、椭圆形、圆形等形状，它的形状和尺寸决定扇面的尺寸和形状。包底是位于前后扇面之间构成包体底部的主要部件。包底宽度取决于包的宽度，包底的长度基本上与包体底部的长度一致。包的底可能由前后扇面构成，前后扇面充当包体的包底，其连接处在包底的中心线上。有时把包的后部、前部和底部统一设计成一个扇面，或整个包体用一块材料构成。

（3）堵头

堵头专指包体的侧部，形状有平堵头、借助堵头条的堵头、单褶和多褶堵头等。堵头多用于硬结构的包体，一般采用正面缝制法。堵头（横头）的高度主要取决于扇面的高度，而其上部宽度则取决于包的开关幅度。堵头使包的两端呈长方形、椭圆形或梯形。

（4）墙子

墙子（围子）充当包体的侧面（侧围）和底面（底围），或充当侧面和上面，或充当侧面、上面和底面（墙子一定充当侧面，一定充当两个角色）。墙子多用于硬结构的包体，一般采用合缝法或压茬缝法。墙子可分为五大类：下部墙子、上部墙子、环行墙子、多褶墙子、侧面呈曲线的墙子。

（5）包盖

包盖不但是一种开关方式，即功能部件也是一种装饰包体的部件，这种包体给人一种非常严谨的感觉，外观效果庄重大方，许多职业用包袋都选择这类部件设计，如公事包。包盖的宽度根据包面长度的比例关系来确定，其长度应为下列尺寸之和：包盖延入后面部分，一般为4cm左右，包盖开口大小也就是侧面堵头（横头）上部宽度与包盖盖住前面部分的长度之和。一般是包盖盖住前面部分的长度占包体高度的1/3为短盖，占包体高度的2/3为中盖，占包体高度超过2/3为长盖，包盖可以作为独立的部件单独下料，还可以和后面或包体扇面一起下料。

包盖前面部分根据具体款式可设计为长、中、短盖，W_x（线段CD）为包盖开口部分宽度，即中间部分的宽度W_x，通常是在包体开口实际宽度上增加1.2cm左右（可以参考计算公式：$W_x=0.7×W_u+0.6cm$，W_u为堵头最宽部位）。包盖后面部分宽度参考数据为4cm左右，后面部分DD'向后延伸0.5cm，两端做45°角切去一个三角形。包盖通用样板如图所示，具体样板制作方法依据具体款式确定。

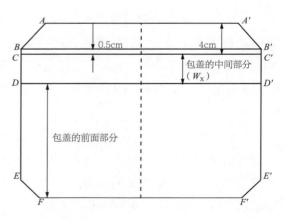

包盖通用样板图

2. 外部次要部件

外部次要部件是指那些不构成包体而起次要作用的部件。每个部件都有自己的功能，如提把、内外兜、装饰贴皮等。这些部件的样式繁多，能使包体显得更加完美。

（二）内部部件

包体内部部件是指位于包的内部、用来装饰包体内部的部件，其目的一方面是保护材料不受损伤，便于人们使用；另一方面可以装饰包体内部，增加包的美观。随着皮具行业的飞速发展，评价一个皮具产品，已不局限在对外部部件的各种要求，内部部件所选用的材料、花色、结构和设计工艺已逐步成为一个重要的衡量标准。

现代许多皮具企业增设了各种辅助车间，专门设计带有本企业标志图案的里子部件和常用的一些装饰配件，在满足其使用功能的同时，扩大企业知名度，树立企业形象，通过品牌效应增加产品的附加值，所以内部部件的设计是非常重要的。

包体内部部件主要包括里子、里兜和隔扇等。

（三）中间部件

包体的中间部件是指位于外部部件和内部部件之间的部件。根据材料和用途的不同，中间部件可分为两类，即硬质中间部件、软质中间部件。

1. 硬质中间部件

硬质中间部件是指用硬纸板、塑料和厚纸等制成的部件，其作用是增加包的刚挺度和牢固性，突出包体的流线型和单纯化设计。无论男包、女包还是日常用包和节日用包等都可以加硬质中间部件。根据硬质中间部件的使用部位不同，可分为硬结构包和半硬结构包。硬结构包是指包体的主要部件全部用硬质中间部件加固，有些次要部件如提把、插绊等也使用硬衬垫。半硬结构包是指部分主要部件用硬质中间部件加固，如有些包的扇面和包底加有硬质中间部件而堵头部分不加。

2. 软质中间部件

软质中间部件是指用海绵、棉花、无纺布、厚绒布等制成的部件，其作用是充填包的结构，使包体主要部件或次要部件的表面隆起，体现一种丰满、柔和的视觉效果。软质中间部件既可用于硬结构包，也可用于软结构包。

二、皮具出格的常用单位

手袋、皮具的样板设计在行业上通常也称为出格，出格即出纸格。在实际出格中，大部分用英制单位，英寸（inch）简写：in；英尺（foot）简写：ft；码（yard）简写：yd。

英制单位与厘米之间的换算关系如下：

1yd=3ft	1ft=12in
1yd=36in	1in=2.54cm
1yd=91.44cm	1英分=0.32cm
1英分=1/8in=0.125in	2英分=1/4in=0.25in
3英分=3/8in=0.375in	4英分=1/2in=0.5in
5英分=5/8in=0.625in	6英分=3/4in=0.75in
7英分=7/8in=0.875in	8英分=1in

本书中纸格的单位用cm、mm表示，如果要换算成英制单位，请对照厘米与英制之间的换算关系进行换算。

第五章

前后扇面和墙子组成的包体出格

✏️ **本章提要**

　　本章主要讲授由前后扇面（幅面）和墙子（围子）组成的包体样板设计制作，分别是由前后扇面（幅面）和环形墙子（围子）组成的男包样板制作；由前后扇面（幅面）和上部墙子（围子）组成的女包样板制作；由前后扇面（幅面）和下部墙子（围子）组成的剑桥包样板制作；由前后扇面（幅面）和环形墙子（大身围）组成的小型包样板制作。

✏️ **学习目标**

1. 认识和理解由前后扇面（幅面）和墙子（围子）组成的包体结构特征。

2. 理解和熟悉由前后扇面（幅面）和墙子（围子）组成的包体样板制作的原则和要求。

3. 掌握由前后扇面（幅面）和墙子（围子）组成的包体样板设计，并具有一定的包体部件造型变化能力。

　　根据包体部件组成的不同，包体的结构可细分为六类：①由前后扇面（幅面）和墙子（围子）组成的包体；②由大扇（大面）和两个堵头（横头）组成的包体；③由前后扇面（幅面）和包底及两个堵头（横头）组成的包体；④由前后扇面（幅面）和包底组成的包体；⑤由整块大扇（大面）组成的包体；⑥由前后扇面（幅面）和堵头组成的包体。

　　在这六种基本的结构中，由前后扇面和墙子构成的包体运用较多，无论是男包、女包、童包都较常见，体现的风格也因加工工艺的不同、硬质中间部件的有无而各异，有的明线清晰、均匀，显得粗犷大方，有的干净利索、清秀，显得细腻柔和。

　　扇面的形状通常由长方形、梯形、圆形等基本的几何形构成。随着时代的发展，扇面的造型变化越加丰富，在基本形的基础上做一些外形线的变化，如边缘、拐角处采用一些倒角、内弧、外弧、不对称等形式，使得其造型更加新颖别致。

　　墙子的种类较多，主要分为五大类：环形墙子；上部墙子；下部墙子（通常分为上部加宽的下部墙子、上部收窄的下部墙子、整体宽窄一致的下部墙子）；多褶墙子；侧边呈曲线的墙子。

第一节

前后扇面和环形墙子组成的男包出格

这款男式单肩包由前后扇面（幅面）和环形墙子（围子）组成，如图5-1-1所示，以简约、简洁为主，材质一般分为天然皮革、PU革、牛津布、帆布等。采用单肩背式，开关方式为拉链式，包体尺寸长×宽×高为24cm×8cm×29cm。

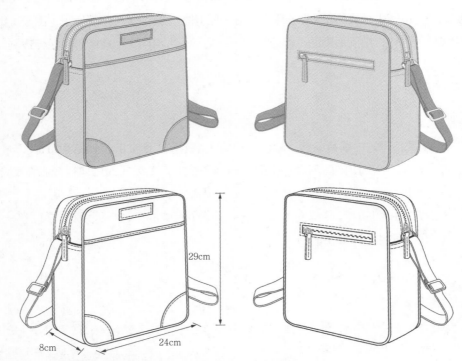

图 5-1-1　由前后扇面（幅面）和环形墙子（围子）组成的男包

一、包体净样板的制作

此款男包基础部件为扇面（幅面），样板制作从基础部件即后扇面（后幅）开始。

1. 后扇面（幅面）净样板

裁剪出一个24cm×29cm的长方形，并将四角倒圆。如图5-1-2所示为后扇面净样板。
倒圆方法：距长方形顶点（A）1cm分别作两个边长的平行线，两条平行线的交点定为圆心，以1cm为半径画弧。其余各角倒圆同此。

2. 前扇面上部净样板

①裁剪出一个24cm×8cm的长方形，并将上边两角倒圆（可用复制法，复制出来的圆角与扇面圆角相同，方便后期缝纫，且美观）。

②如果在前扇面上部中间位置放商标，那么就需要在样板正中间定出一个3cm×1cm的长方形装饰片（注；左右需完全对称，不影响美观）。

如图5-1-3所示为前扇面上部净样板。

3. 前扇面下部净样板

①裁剪出一个24cm×22cm的长方形，并将下边两角倒圆。

②在倒圆的两角处用笔描画出两个相同大小的装饰部件（可凭个人爱好设计），如图5-1-4所示。

4. 下墙子净样板

裁剪出一个64.6cm×8cm的长方形，并在两端处刻两个牙剪（牙剪为上下对称，相距3cm），作为包带压茬的标记，如图5-1-5所示。

5. 上墙子净样板

上部墙子的宽度为下部墙子的总宽8cm减去拉链的宽度，拉链保留的宽度一般取2cm（下部墙子半宽4cm-拉链半宽1cm=上部墙子半宽3cm），即裁剪出一个34.4cm×3cm的长方形，如图5-1-6所示。

6. 装饰部件净样板与包带耳仔样板

①使用锥子，根据前扇面下部净样板锥出装饰部件净样板。如图5-1-7所示。
②裁剪出一个7cm×3cm的长方形，作为包带耳仔净样板，如图5-1-8所示。

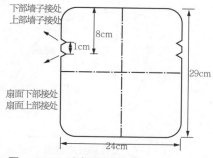

图 5-1-2　后扇面净样板

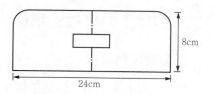

图 5-1-3　前扇面上部净样板

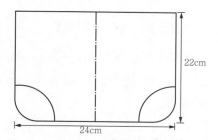

图 5-1-4　前扇面下部净样板

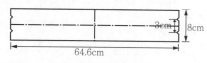

图 5-1-5　下墙子净样板

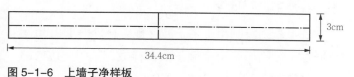

图 5-1-6　上墙子净样板

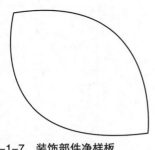

图 5-1-7　装饰部件净样板

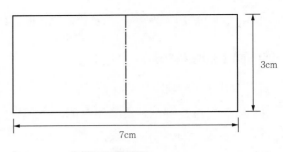

图 5-1-8　包带耳仔净样板

二、包体下料样板的制作

1. 后扇面下料样板

在卡纸上复制出后扇面净样板，并在其外圈放8mm合缝量。如图5-1-9所示。

2. 前扇面上部下料样板

在卡纸上复制出前扇面上部净样板，其上面半圈放出8mm合缝量，下面放出8mm压茬量，如图5-1-10所示。

3. 前扇面贴兜下料样板

在卡纸上复制出前扇面下部净样板。在其下圈放出8mm合缝量。前扇面贴兜采用的是包边工艺，所以上口不需要加放加工余量，如图5-1-11所示。

4. 上墙子下料样板

在卡纸上复制出上墙子净样板。在外圈加出8mm合缝量，复制出两个上墙子下料样板，其中一边放出8mm压茬量用于装置拉链，如图5-1-12所示。

5. 下墙子下料样板

在卡纸上复制出下墙子净样板。在其长条两侧外加出8mm合缝量，另两边放出8mm折边量。如图5-1-13所示。

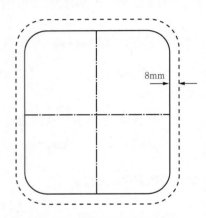

图 5-1-9　后扇面下料样板

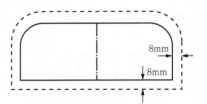

图 5-1-10　前扇面上部下料样板

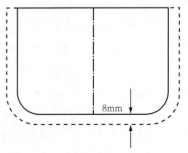

图 5-1-11　前扇面贴兜下料样板

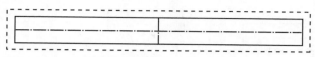

图 5-1-12　上墙子下料样板

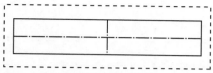

图 5-1-13　下墙子下料样板

6. 包带耳仔下料样板

在卡纸上复制出包带耳仔净样板。在其两端外放出8mm压茬量，两侧可以选择毛边工艺。如图5-1-14所示。

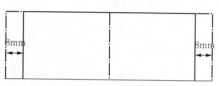

图 5-1-14　包带耳仔下料样板

三、托料样板的制作

托料的作用是用于支撑包体的形状，使包体整体挺度好。一般托料样板分为两种，一种是比净样板小2mm左右的硬挺材料，这种包体的工艺一般为合缝工艺；另一种是直接用净样板作为托料，这种包体工艺一般是正面缝合工艺。

1. 前（后）扇面托料样板

在卡纸上复制出前（后）扇面净样板。将净样板向内收缩2mm，托料样板的裁料为虚线内样板，如图5-1-15所示。

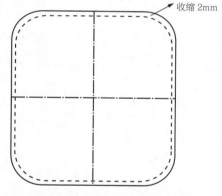

图 5-1-15　前（后）扇面托料样板

2. 贴兜托料样板

在卡纸上复制出前扇面净样板。将净样板向内缩2mm，托料样板的裁料样板为虚线内样板，如图5-1-16所示。

3. 上部墙子托料样板

在卡纸上复制出上墙子净样板。将净样板向内缩2mm，托料样板的裁料为虚线内样板，如图5-1-17所示。

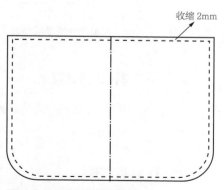

图 5-1-16　贴兜托料样板

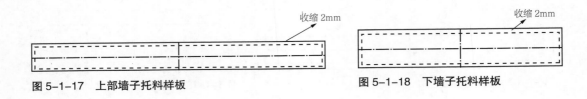

图 5-1-17　上部墙子托料样板　　　　　　图 5-1-18　下墙子托料样板

4. 下墙子托料样板

在卡纸上复制出下墙子净样板。将净样板向内缩2mm，托料样板的裁料为虚线内样板，如图5-1-18所示。

四、里料样板的制作

1. 前扇面内侧里料样板与前扇面贴兜里料样板制作

（1）在卡纸上复制出前扇面下部净样板。在四周放出8mm压茬量，如图5-1-19所示。

（2）再复制一个前扇面贴兜净样板，并将除上口部分外的一圈加放出8mm压茬量。前扇面贴兜采用的是包边工艺，所以上口不需要加放加工余量，如图5-1-20所示。

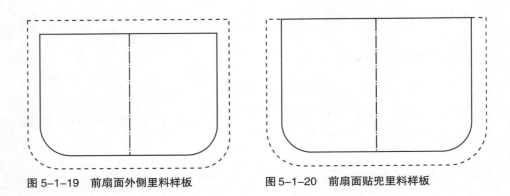

图 5-1-19　前扇面外侧里料样板　　　　　图 5-1-20　前扇面贴兜里料样板

2. 前（后）扇面里料样板

在卡纸上复制出后扇面净样板，加放出8mm压茬量，如图5-1-21所示。

3. 上墙子里料样板

在卡纸上复制出上墙子净样板，并将四周外加出8mm压茬量，如图5-1-22所示。

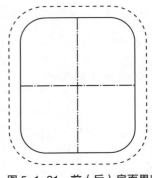

图 5-1-21　前（后）扇面里料样板

图 5-1-22　上墙子里料样板　　　　　　　　　图 5-1-23　下墙子里料样板

4. 下墙子里料样板

在卡纸上复制出下墙子净样板。并将四周外加出8mm压茬量，如图5-1-23所示。

✎ **课后练习**

1. 结合市场流行趋势，并通过网络资讯和相关杂志等查询及分析，设计一款男式单肩包，绘制效果图。
2. 根据所设计的男式单肩包包体效果图，制作包体净样板、下料样板、托料样板、里料样板。
3. 总结由前后扇面（幅面）和环形墙子（围子）组成的男式单肩包样板制作要点。
4. 结合实际，优化由前后扇面（幅面）和环形墙子（围子）组成的男式单肩包的造型与功能部件。

第二节

前后扇面和上部墙子组成的女包出格

由前后扇面（幅面）和上部墙子（围子）组成的女包可分为运动双肩包、时尚双肩包。运动双肩包设计上非常跳跃，颜色较为鲜艳。时尚双肩包主要为女士使用，常用材料有天然皮革、PU革、帆布等，体积有大有小。PU革面料的包通常用来替代女士出门必带的手提包；而帆布面料的双肩包为中小学生所喜爱，用作上学书包；时尚双肩包较为适合穿着休闲的女士出门时携带。

图5-2-1所示女士双肩包，采用双肩背式，开关方式为拉链式，由前后扇面（幅面）和上部墙子（围子）组成，该包体小巧，包体尺寸长×宽×高为28cm×7cm×31cm。

图 5-2-1 前后扇面（幅面）和上部墙子（围子）组成的女包

一、包体净样板的制作

该款女士双肩包基础部件为扇面（幅面），样板制作从基础部件即前扇面（前幅）开始。

1. 前扇面净样板

（1）裁剪出一个上宽26cm、下宽31cm、高31.5cm的梯形，并把上宽两角倒圆。

（2）距上边11.8cm，在梯形斜边上各确定一点，在前扇面净样板上打出两个牙剪，此牙剪为上部墙子与下部墙子的接合处。如图5-2-2所示。

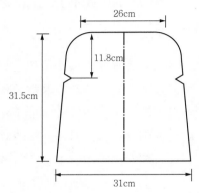

图 5-2-2 前扇面净样板

2．后扇面样板

　　复制出前扇面净样板，在距离上边截取高度8cm处裁断。上部作为后扇面上部净样板，如图5-2-3所示；下部作为后扇面下部净样板。如图5-2-4所示。

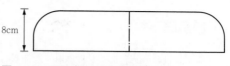

图 5-2-3　后扇面上部净样板

3．上部墙子净样板

　　裁剪出一个49.6cm×2.5cm的长方形，作为上部墙子其中的一边，也可称之为拉链条，如图5-2-5所示。

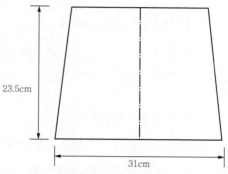

图 5-2-4　后扇面下部净样板

4．下部墙子净样板

　　裁剪出一个上宽5cm、下宽7cm、高30cm的梯形，并把下部倒圆。作为下部墙子净样板，如图5-2-6所示。

5．包带耳仔净样板

　　裁剪出一个7cm×2cm的长方形，作为该包体上部墙子上的两条包带耳仔净样板，如图5-2-7所示。

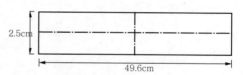

图 5-2-5　上部墙子净样板

6．手把净样板

裁剪出一个24cm×4cm的长方形作为手把净样板，如图5-2-8所示。

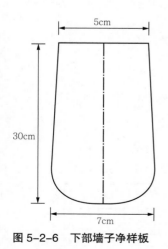

图 5-2-6　下部墙子净样板

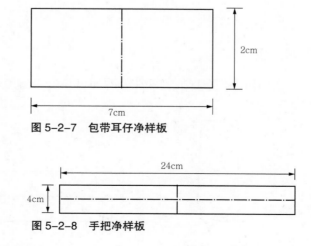

图 5-2-7　包带耳仔净样板

图 5-2-8　手把净样板

二、包体下料样板的制作

1. 前扇面下料样板

在卡纸上复制出前扇面净样板，并在外圈加出8mm合缝量，如图5-2-9所示。

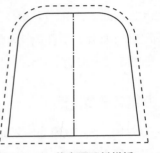

2. 后扇面上部下料样板

在卡纸上复制出后扇面上部净样板，并在外圈加出6～8mm合缝量，如图5-2-10所示。

图5-2-9　前扇面下料样板

3. 后扇面下部下料样板

在卡纸上复制出后扇面下部净样板，并在外圈加出6～8mm合缝量。如图5-2-11所示。

图5-2-10　后扇面上部下料样板

4. 下部墙子下料样板

在卡纸上复制出下部墙子净样板，并在外圈加出6～8mm合缝量，如图5-2-12所示。

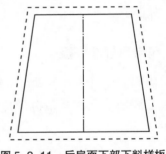

5. 上部墙子下料样板

在卡纸上复制出前扇面上部墙子净样板，并在外圈加出6～8mm合缝量，如图5-2-13所示。

图5-2-11　后扇面下部下料样板

6. 包带耳仔下料样板

在卡纸上复制出包带耳仔净样板。在其两侧外放出6～8mm压茬量，如图5-2-14所示。

7. 手把下料样板

在卡纸上复制出手把净样板，并在外圈加出8mm合缝量。如图5-2-15所示。

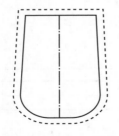

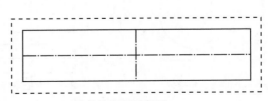

图5-2-12　下部墙子下料样板　　　　**图5-2-13　上部墙子下料样板**

图 5-2-14　包带耳仔下料样板

图 5-2-15　手把下料样板

三、托料样板的制作

1. 底部托料样板

有两种制作方法：

（1）裁剪出一个29cm×5cm的长方形作为底部托料样板。

（2）在卡纸上裁剪出包体底部样板31cm×7cm的长方形。周边一圈再向内缩减2mm，也就是将净样板向内缩2mm，托料样板的裁料样板为虚线内样板，如图5-2-16所示。

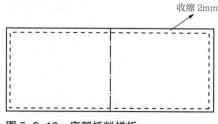

图 5-2-16　底部托料样板

2. 前（后）扇面托料样板

在卡纸上复制出后扇面净样。将净样板向内缩2mm，托料样板的裁料样板为虚线内样板，如图5-2-17所示。

3. 上部墙子托料样板

在卡纸上复制出上墙子净样板。将净样板向内缩2mm，托料样板的裁料为虚线内样板，如图5-2-18所示。

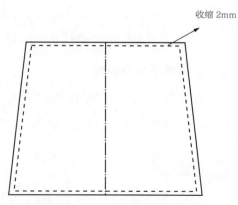

图 5-2-17　前（后）扇面托料样板

4. 下墙子托料样板

在卡纸上复制出下墙子净样板。将净样板向内缩2mm，托料样板的裁料为虚线内样板，如图5-2-19所示。

图 5-2-18　上部墙子托料样板

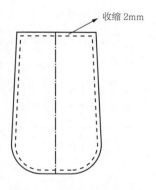

图 5-2-19　下墙子托料样板

四、里料样板的制作

1. 前（后）扇面里料样板

在卡纸上复制出前（后）扇面净样板。外圈加放出8mm压茬量，如图5-2-20所示。

2. 下部墙子里料样板

在卡纸上复制出下部墙子净样板。外圈加放出8mm压茬量，如图5-2-21所示。

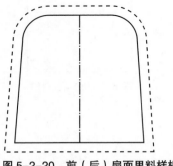

图 5-2-20　前（后）扇面里料样板

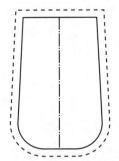

图 5-2-21　下部墙子里料样板

3. 上部墙子里料样板

在卡纸上复制出上部墙子净样板。外圈加放出8mm压茬量，如图5-2-22所示。

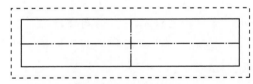

图 5-2-22　上部墙子里料样板

✎ 课后练习

1. 结合市场流行趋势，并通过网络资讯和相关杂志等查询及分析，设计一款双肩背女包，绘制效果图。
2. 根据所设计的双肩背女包包体效果图，制作包体净样板、下料样板、托料样板、里料样板。
3. 总结由前后扇面（幅面）和上部墙子（围子）组成的双肩背女包样板制作要点。
4. 结合实际，优化由前后扇面（幅面）和上部墙子（围子）组成的双肩背女包的造型与功能部件。

前后扇面和下部墙子组成的剑桥包出格

此款剑桥包由前后扇面（幅面）和下部墙子（围子）组成，如图5-3-1所示。采用单肩背式和手提式，开关方式采用包盖式，包盖上采用吸扣和锁扣，配件材料为纯色五金。包体选用加厚头层牛皮，质感硬挺，工艺保留毛边散口的设计，有种未完成的延续感、设计感，皮料保留独特的纹理，简约大方，独树一帜，在提升优雅品位的同时，提高了包的安全性。该款包有一个前兜，增加其设计感和空间多样性。包体尺寸长×宽×高为32cm×8cm×22cm。

图5-3-1　由前后扇面（幅面）和环形墙子（围子）组成的剑桥包

一、包体净样板的制作

该款包基础部件为扇面（幅面），样板制作从基础部件即后扇面（前幅）开始。

1. 包盖净样板

该包体的开关方式为锁扣，则包体有一包盖设计，如图5-3-2所示，样板制作方法如下：

（1）该包盖呈直角略圆的梯形，其上宽28cm、下宽33cm、高26cm。

（2）上宽有两个牙剪，分别对应该包体手提和扣带的左右安置点，两牙剪间宽12cm。

（3）手提可以根据提供的金属饰扣自行设计，包盖上的两条扣带宽度一般与手提搭配，比手提宽度小0.5cm左右，约为2.5cm，长度比包盖长8cm左右，一端进行倒圆。

（4）下宽有两个牙剪，分别对其该包体包盖锁扣的左右位置点，两牙剪间宽8cm。

2. 前（后）扇面净样板

该包体前扇面没有进行分割，因此前后扇面保持形状一致，可以用一块样板实现。

前（后）扇面净样板是一个下部两角倒圆的梯形，其上宽30cm、下宽32cm、高22cm，如图5-3-3所示。

3. 下部墙子净样板

该堵头是上部收窄的下部墙子，多选用硬质结构的材料。

（1）画出一个59cm×8cm的长方形。

（2）在下部墙子的两端向内收窄1.5cm，形成上宽5cm、下宽8cm、高13.5cm的梯形。

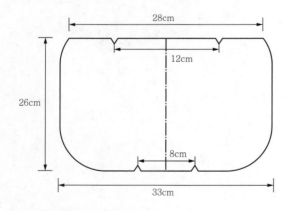

图 5-3-2　包盖净样板

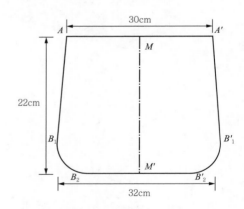

图 5-3-3　前（后）扇面净样板

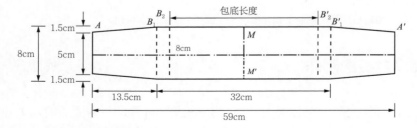

图 5-3-4　下部墙子净样板

（3）图5-3-4画虚线处是在缝制时弯折的部分。

4. 包盖锁扣净样板

该包盖锁扣为一下部两角倒圆的长方形。其长8cm、宽4cm，中间镂空的长方形是为了放置锁扣，如图5-3-5所示，长方形大小由锁扣材料决定。

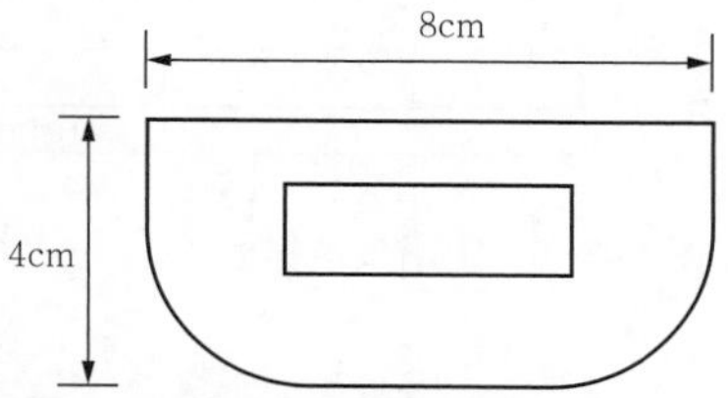

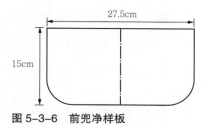

图5-3-5　包盖锁扣净样板

5. 前兜净样板

前兜样板与包盖锁扣样板制作大致相同，其长27.5cm、宽15cm。

裁剪出15cm×27.5cm的长方形，并作出对称轴，将其下部的两角倒圆，如图5-3-6所示。

图5-3-6　前兜净样板

6. 后扇面保险条净样板

后扇面包盖压条的作用一个是为了美观，另一个是补强。

裁剪出一个28cm×3cm的长方形，并把其四角作成圆角，如图5-3-7所示。

7. 包带耳仔净样板

裁剪出一个高10cm的梯形，宽度根据D形扣的宽窄。并把其上宽倒圆成弧形，如图5-3-8所示。一般梯形上宽2.5cm，下宽1.6cm，耳仔一般安在离墙子上口3.5cm处。

8. 包口贴边净样板

包口贴边指的是有些款式的包体的拉链不与扇面缝制在一起时，为了美观性和增大打开幅度而增加的一条贴边，贴边一边与拉链条缝合，另一边与包体上口缝合，贴边的长度依据包口长度和侧面宽度而定，宽度一般为4cm。因此裁剪出一条35cm×4cm的长方形，作为包口贴边净样板。如图5-3-9所示。

9. 上口拉链条净样板

与包口贴边组合的就是上口拉链条，拉链条的长度一般要比包体的上宽窄一些，宽度在2～4cm比较合适。此款包选取拉链条的尺寸为26cm×2cm的长方形，如图5-3-10所示。

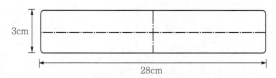

图5-3-7　后扇面包盖压条净样板

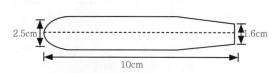

图5-3-8　包带耳仔净样板

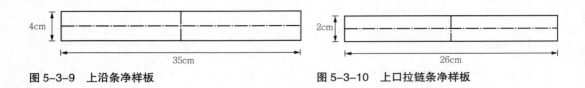

图 5-3-9　上沿条净样板　　　　　　　　图 5-3-10　上口拉链条净样板

二、包体下料样板的制作

1. 前（后）扇面下料样板

在卡纸上复制出前（后）扇面净样板。在其外圈加放8mm翻缝量，如图5-3-11所示。

2. 前兜下料样板

在卡纸上复制出前兜净样板。在其外圈加放5mm折边量，如图5-3-12所示。

3. 下部墙子下料样板

在卡纸上复制出下部墙子净样板。在其外圈加放8mm翻缝量，如图5-3-13所示。

4. 包盖锁扣下料样板

在卡纸上复制出包盖锁扣净样板。在其下圈加放5mm折边量，上部放出8mm压茬量，如图5-3-14所示。

5. 包盖下料样板

在卡纸上复制出包盖净样板。在其下圈加放5mm折边量，上部放出8mm压茬量，如图5-3-15所示。

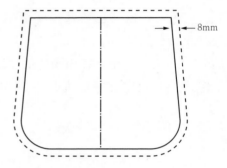

图 5-3-11　前（后）扇面下料样板

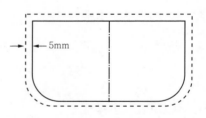

图 5-3-12　前兜下料样板

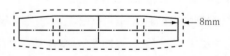

图 5-3-13　下部墙子下料样板

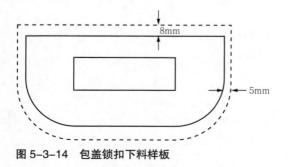

图 5-3-14　包盖锁扣下料样板

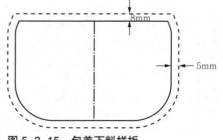

图 5-3-15　包盖下料样板

6. 上沿条下料样板

　　在卡纸上复制出上沿条净样板。在其上部加放5mm折边量，下圈放出8mm合缝量，如图5-3-16所示。

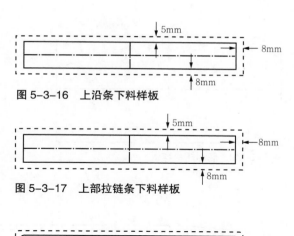

图5-3-16　上沿条下料样板

7. 上部拉链条下料样板

　　在卡纸上复制出上部拉链条净样板，在其上部加放5mm折边量，下圈放出8mm合缝量，如图5-3-17所示。

图5-3-17　上部拉链条下料样板

8. 后扇面保险条下料样板

　　在卡纸上复制出后扇面保险条净样板。在其外圈加放5mm折边量，如图5-3-18所示。

图5-3-18　后扇面保险条下料样板

9. 包带耳仔下料样板

　　在卡纸上复制出包带耳仔净样板。在其外圈加放5mm折边量，如图5-3-19所示。

图5-3-19　包带耳仔下料样板

三、托料样板的制作

1. 底部托料样板

　　底部托料依据下部墙子裁剪，在包体下部墙子靠近包底的地方设计一块略小于底部轮廓的长方形样板，起到定型作用。将净样板向内缩2mm，得出底部托料样板。托料样板的裁料样板为虚线内样板，如图5-3-20所示。

2. 前（后）扇面托料样板

　　在卡纸上复制出后扇面净样板。将净样板向内缩2mm，托料样板的裁料样板为虚线内样板，如图5-3-21所示。

3. 下墙子托料样板

　　在卡纸上复制出下墙子净样板。将净样板向内缩2mm，托料样板的裁料为虚线内样板，如图5-3-22所示。

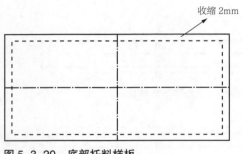

图 5-3-20 底部托料样板

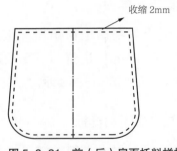

图 5-3-21 前（后）扇面托料样板

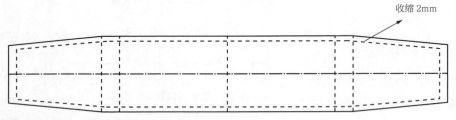

图 5-3-22 下墙子托料样板

4. 包盖托料样板

（1）包盖整体托料样板

在卡纸上复制出包盖净样板。将净样板向内缩2mm，托料样板的裁料样板为虚线内样板，如图5-3-23所示。

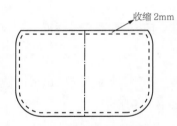

图 5-3-23 包盖整体托料样板

（2）包盖前部托料样板

在卡纸上复制出包盖净样板前部的1/3，将净样板向内缩2mm，样板的裁料样板为虚线内样板，如图5-3-24所示。

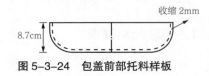

图 5-3-24 包盖前部托料样板

四、里料样板的制作

1. 包盖里料样板

在卡纸上复制出包盖净样板与包盖锁扣净样板。根据牙剪将两个样板复制在一起，并外圈加放出8mm合缝量（包盖的里料样板通常是用面料或与面料相似的面料下裁），如图5-3-25所示。

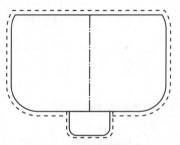

图 5-3-25 包盖里料样板

2. 前（后）扇面里料样板

此款包的里料有两种做法。

①把扇面（幅面）和下部墙子（围子）合起来做一块里料，即整个包体里料有两块，包盖单独一块里料，共三块里料构成。

②在卡纸上复制出前（后）扇面净样板，外圈加放出8mm合缝量。如图5-3-26所示。分别做扇面（幅面）和下部墙子（围子）的里料，最后把缝合处利用针织带包起来，包盖单独一块里料，包盖的里料做法与第一种方法一样。

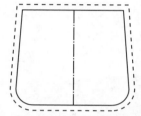

图5-3-26　前（后）扇面里料样板

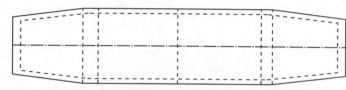

图5-3-27　下部墙子里料样板

3. 下部墙子里料样板

在卡纸上复制出下部墙子净样板。外圈加放出8mm合缝量，如图5-3-27所示。

4. 前兜里料样板

在卡纸上复制出前兜净样板。外圈加放出8mm合缝量，如图5-3-28所示。

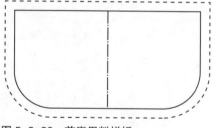

图5-3-28　前兜里料样板

✎ 课后练习

1. 结合市场流行趋势，并通过网络资讯和相关杂志等查询及分析，设计一款剑桥包，绘制效果图。
2. 根据所设计的剑桥包体效果图，制作包体净样板、下料样板、托料样板、里料样板。
3. 总结由前后扇面（幅面）和下部墙子（围子）组成的剑桥包样板制作要点。
4. 结合实际，优化由前后扇面（幅面）和下部墙子（围子）组成的剑桥包的造型与功能部件。
5. 包体结构设计成下部墙子（围子）或上部墙子（围子）时，包体整体样板设计和工艺制作有什么区别？

第四节

前后扇面和环形墙子组成的小型包出格

　　该款包属于由前后扇面（幅面）和环形墙子（大身围）组成的小型包，如图5-4-1所示，该包为单肩背式，拉链闭合，主要材质为天然皮革，其次为帆布、棉麻、化纤、尼龙、人造革、聚氨酯革等。内部结构采用了拉链条暗袋，内置手机证件暗袋，使包体结构更加多样，安全性能更高。包体尺寸长×宽×高为20cm×10cm×15cm。

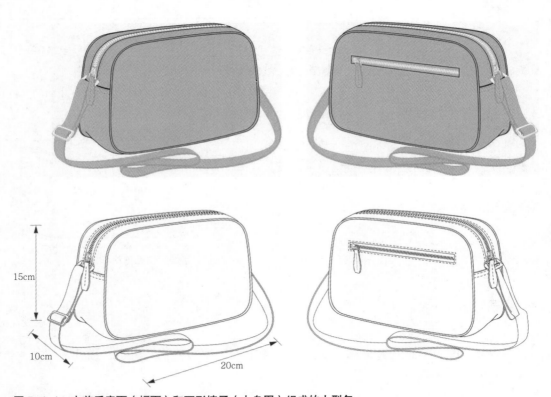

图5-4-1　由前后扇面（幅面）和环形墙子（大身围）组成的小型包

一、包体净样板的制作

　　该款小型包基础部件为扇面（幅面），样板制作从基础部件即后扇面（幅面）开始。

1. 前（后）扇面净样板

该包体前后扇面都相同，则裁剪出一个20cm×15cm的长方形，并将四角倒圆，作为前后扇面净样板。如图5-4-2所示。

2. 挖兜槽净样板

该小型包有一个拉链条暗袋，其挖兜槽是一个中间镂空的长方形。

裁剪出一个长15cm、宽4.2cm长方形。挖兜距离周边和挖兜槽宽都是1.4cm（一般的挖兜槽，中间镂空都是1.4cm的宽度），如图5-4-3所示。

3. 环形墙子上部净样板

裁剪出一个14.6cm×4cm的长方形作为环形墙子上部净样板，如图5-4-4所示。环形墙子上部需装置拉链，所以需要制作两个上部墙子样板。

4. 环形墙子下部净样板

裁剪出一个18.2cm×10cm的长方形，作为环形墙子下部净样板，如图5-4-5所示。

5. 包带耳仔净样板

裁剪出一个4cm×2cm的长方形，作为包带耳仔净样板，如图5-4-6所示。

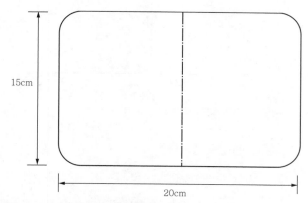

图 5-4-2 前（后）扇面净样板

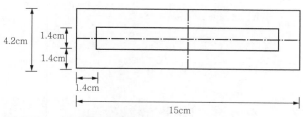

图 5-4-3 挖兜槽净样板

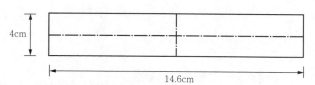

图 5-4-4 环形墙子上部净样板

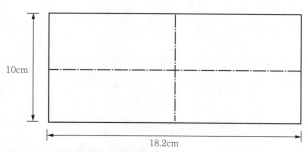

图 5-4-5 环形墙子下部净样板

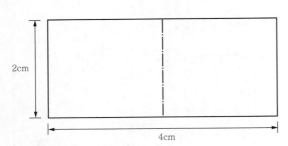

图 5-4-6　包带耳仔净样板

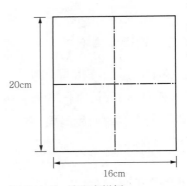

图 5-4-7　挖兜净样板

6. 后扇面挖兜净样板

后扇面挖兜样板基本上是一个长方形规则样板，裁剪出一个16cm×20cm的长方形，作为挖兜净样板，如图5-4-7所示。

7. 手机证件暗袋净样板

裁剪出一个10cm×10cm的正方形，作为手机证件暗袋净样板，如图5-4-8所示。

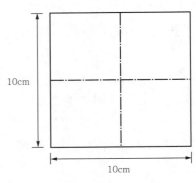

图 5-4-8　手机证件暗袋净样板

二、包体下料样板的制作

1. 前（后）扇面下料样板

在卡纸上复制出前（后）扇面净样板。在其外圈加放8mm合缝量，如图5-4-9所示。

2. 环形墙子上部下料样板

在卡纸上复制出环形墙子上部净样板。在其外圈加放8mm合缝量，如图5-4-10所示。

3. 环形墙子下部下料样板

在卡纸上复制出环形墙子下部净样板。在其外圈加放8mm合缝量，如图5-4-11所示。

4. 手机、证件暗袋下料样板

在卡纸上复制出手机、证件暗袋净样板。

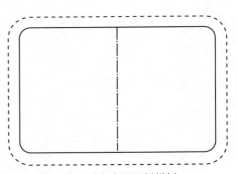

图 5-4-9　前（后）扇面下料样板

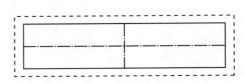

图 5-4-10　环形墙子上部下料样板

在其两侧与下侧各加放8mm合缝量，如图5-4-12所示。

5. 挖兜下料样板

在卡纸上复制出挖兜净样板。在其两侧加放8mm合缝量。如图5-4-13所示。

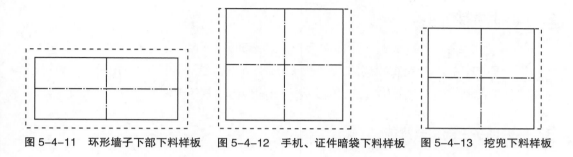

图 5-4-11　环形墙子下部下料样板　　图 5-4-12　手机、证件暗袋下料样板　　图 5-4-13　挖兜下料样板

三、托料样板的制作

1. 前（后）扇面托料样板

在卡纸上复制出前（后）扇面净样板。将净样板向内缩2mm，得出底部托料样板。托料样板的裁料样板为虚线内样板，如图5-4-14所示。

2. 环形墙子下部托料样板

在卡纸上复制出环形墙子下部净样板。净样板向内缩2mm，得出底部托料样板，托料样板的裁料样板为虚线内样板，如图5-4-15所示。

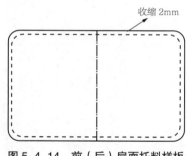

图 5-4-14　前（后）扇面托料样板

3. 环形墙子上部托料样板

在卡纸上复制出环形墙子上部净样板。净样板向内缩2mm，得出底部托料样板，托料样板的裁料样板为虚线内样板，如图5-4-16所示。

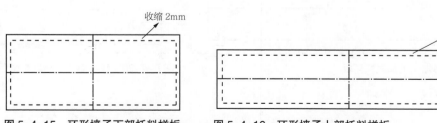

图 5-4-15　环形墙子下部托料样板　　图 5-4-16　环形墙子上部托料样板

四、里料样板的制作

1. 前扇面里料样板

在卡纸上复制出前（后）扇面净样板。外圈加放出8mm合缝量，如图5-4-17所示。

2. 后扇面里料样板

①在卡纸上复制出前（后）扇面净样板。外圈加放出8mm合缝量。

②挖兜的位置一般定在距离扇面上边缘至少2cm的位置，如图5-4-18所示。也可以依据具体情况确定向下移动位置，原则上是不影响包体的其他部件并且符合美学要求。

3. 环形墙子上部里料样板

在卡纸上复制出环形墙子上部净样板。外圈加放出8mm合缝量，如图5-4-19所示。

4. 环形墙子下部里料样板

在卡纸上复制出环形墙子下部净样板。外圈加放出8mm合缝量，如图5-4-20所示。

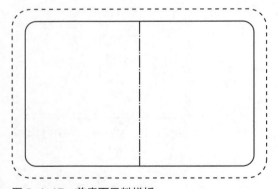

图 5-4-17　前扇面里料样板

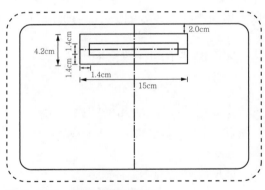

图 5-4-18　后扇面里料样板

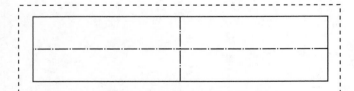

图 5-4-19　环形墙子上部里料样板

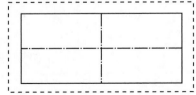

图 5-4-20　环形墙子下部里料样板

✎ **课后练习**

1. 结合市场流行趋势，并通过网络资讯和相关杂志等查询及分析，设计一款由前后扇面（幅面）和环形墙子（大身围）组成的小型包，绘制效果图。

2. 根据所设计的小型包效果图，制作包体净样板、下料样板、托料样板、里料样板。

3. 总结由前后扇面（幅面）和环形墙子（大身围）组成的小型包样板制作要点。

4. 结合实际，优化由前后扇面（幅面）和环形墙子（大身围）组成的小型包的造型与功能部件。

5. 前后扇面、墙子组成的包体设计时有什么规律？分三种类型进行说明。

第六章

大扇和两个堵头组成的包体出格

✏️ **本章提要**

　　本章主要讲授由大扇（大面）和底部略圆的堵头（横头）组成的女包包体样板制作，由大扇（大面）和锥形的堵头（横头）组成的男包包体样板制作，由大扇（大面）和圆形的堵头（横头）组成的旅行包包体样板制作，由大扇（大面）和四角略圆形的堵头（横头）组成的男包包体样板制作。

✏️ **学习目标**

1. 认识和理解由大扇（大面）和两个堵头（横头）组成的包体结构特征。
2. 理解和熟悉由大扇（大面）和两个堵头（横头）组成的包体样板制作的原则和要求。
3. 掌握由大扇（大面）和两个堵头（横头）组成的包体样板设计，并具有一定的包体部件造型变化能力。

　　大扇是包体的主要部件，它的主要尺寸和形状是由基础部件堵头决定的。为了提高材料的利用率，增加包体的外形变化，常把大扇进行分隔，分隔的位置和形状因包体所表现的风格和内涵而不同。但在现代的皮具设计中，由于人们对产品的单纯化和抽象化的审美要求，对包体的分隔日益趋向简单化，有的甚至不做任何分隔和装饰以体现时代特征。由大扇和两个堵头（横头）组成的包体的基础部件是堵头，即堵头决定着大扇的形状和尺寸。

　　在不同的包体中堵头的形状不同，制作方法也有差异。通常堵头的形状有五种：梯形堵头、底部呈圆形的梯形堵头、多褶堵头、中间加有圆锥形软褶的梯形堵头、加有堵头条的堵头。

1. 梯形堵头

　　梯形堵头是指包的堵头形状呈梯形，它的展平形状有上底加宽、上底收窄两种。上底加宽的梯形堵头常用在半硬或软质结构中，而上底收窄的梯形堵头常用在硬质结构中。这两种结构的堵头制图方法相似，只是上底部分不同。

2. 多褶堵头

　　多褶堵头一般应用在正面缝制的带隔扇的包体中，多使用一个或是两个隔扇形成两褶或三褶堵头。男士公事包常用这种结构，它的外形和结构主要体现严谨、理智、大方、有力的特点。

3. 底部呈圆形的梯形堵头

　　底部呈圆形的梯形堵头与椭圆形堵头的处理方法相似，关键在于圆弧长度及堵头与扇面缝合部分的周边长度的确定。堵头的上底可大可小，如果上底朝内折进，堵头上部处理方法与梯形堵头相同。

4. 中间加有圆锥形软褶的梯形堵头

　　中间加有圆锥形软褶的梯形堵头多用在小行李箱中，但女式的架子口包也常采用这种结构。堵头一般为半硬结构，两边有纸板加固，中间部分有伸向包体内的圆锥形软褶，而堵头样板的形状呈梯形。

5. 加有堵头条的堵头

　　有些堵头是借助堵头条直接固定在包的大扇上，其目的一方面可以包住毛边、加固部件，另一方面可以起到装饰和美化作用。这种包体一般为半硬结构，堵头边可以是毛边也可以折成光边。

　　堵头条长度等于堵头的周边长，其具体尺寸根据不同的堵头形状有不同的计算方法。

　　堵头条宽度一般为15～35mm。

第一节

大扇和底部略圆堵头组成的女包出格

该款女士手提包由大扇（大面）和底部略圆的堵头（横头）组成，包体两侧为凹凸的款式形状，款式大方简约，别具一格，超越年龄和季节，表达女士对浪漫的追求。装饰感十足的肩带与锁扣的设计，适合各个年龄段的女士。内部结构：手机袋、拉链袋、主袋，可装手机、钱包等杂物。坚韧耐用的提手，符合人体工程学，增添档次及手的舒适感。包前部的一个小配件，让包包看起来不再严肃，有一点俏皮的味道。

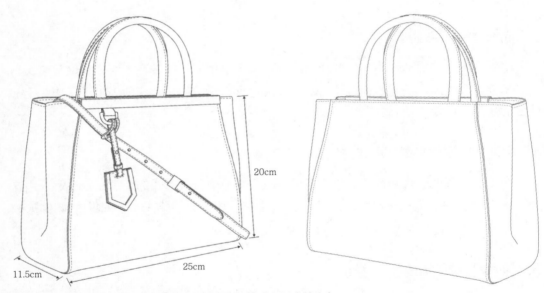

图 6-1-1　由大扇（大面）和底部略圆的堵头（横头）组成的女包

包体尺寸长×宽×高为25cm×11.5cm×20cm，包体上宽20cm，附加的长肩带长度49~61cm，提手高度9cm，如图6-1-1所示。

一、包体净样板的制作

该款女包基础部件为堵头（横头），样板制作从基础部件即堵头（横头）开始。

1．堵头净样板

该包体堵头为底部略圆的倒梯形样板。

做出上宽12.5cm、下宽11.5cm、高20cm的堵头，堵头底部两角倒圆，如图6-1-2所示。

2．大扇面净样板

该包体是扇面充当包底，结合在一起的大扇面净样板。

作出上宽20cm、下宽25cm的梯形，两个扇面高均为20cm、包底宽11.5cm。如图6-1-3所示。

3．上口贴边与拉链条相接的沿条净样板

上口贴边净样板的长度是由前或后扇面的上长（20cm）加上左右堵头的1/2上部长度组成，即样板长度为20+12.5 = 32.5（cm）。

裁剪出一个32.5cm×3.5cm的长方形。如图6-1-4所示。

4．拉链条净样板

拉链条净样板的长度是由前或后扇面的上长（20cm）两边各减0.5cm的长度组成。

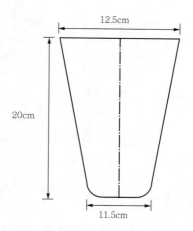

图 6-1-2　堵头净样板

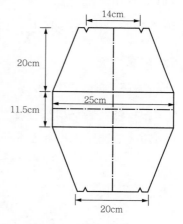

图 6-1-3　大扇面净样板

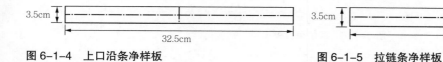

图 6-1-4　上口沿条净样板　　　　图 6-1-5　拉链条净样板

裁剪出一个19cm×3.5cm的长方形，如图6-1-5所示。

5．提手净样板

该手提包带为中间的一个长21cm、宽3.6cm的长方形与两边由上宽3.6cm、下宽5.4cm、高5cm的梯形组成，如图6-1-6所示。

6．包带耳仔净样板

包带耳仔的对于包体的功能为固定包带。

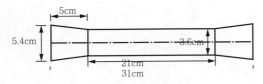

图 6-1-6　提手净样板

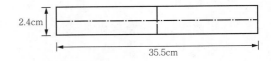

图 6-1-7　包带耳仔净样板

裁剪出一个35.5cm×2.4cm的长方形，用于固定该包体装饰部件锁扣，如图6-1-7所示。

7. 锁扣净样板

该包体的装饰部件为一个锁扣（也可以自己设计）。

做如图所示的版面，由一个上宽5cm、下宽6cm、高4.5cm的梯形与底宽6cm、高1.5cm的三角形组成，如图6-1-8所示。

8. 肩带净样板

该包体肩带长49～61cm，宽2cm，肩带前头剪出一个三角形的形状（三角形的形状也可根据流行趋势自行设计，美观即可），该肩带可根据个人的不同来调整，可放长也可剪短，如图6-1-9所示。

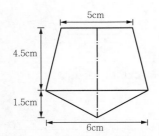

图 6-1-8　锁扣净样板

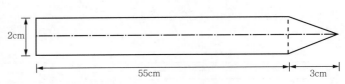

图 6-1-9　肩带净样板

二、包体下料样板的制作

1. 大扇面下料样板

在卡纸上复制出大扇面净样板，并在其外圈加放8mm合缝量，如图6-1-10所示。

2. 堵头下料样板

在卡纸上复制出堵头净样板，在其外圈加放8mm合缝量，如图6-1-11所示。

3. 提手下料样板

在卡纸上复制出提手净样板，在其外圈加放8mm合缝量，如图6-1-12所示。

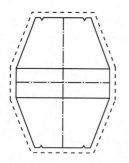

图 6-1-10　大扇面下料样板

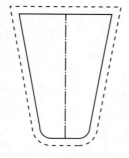

图 6-1-11　堵头下料样板

图 6-1-12　提手下料样板

4. 拉链条下料样板

在卡纸上复制出拉链条净样板。在其上圈和两侧加放8mm合缝量，在其下圈加放出8mm压茬量，如图6-1-13所示。

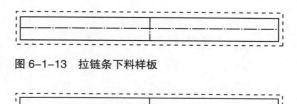

图 6-1-13　拉链条下料样板

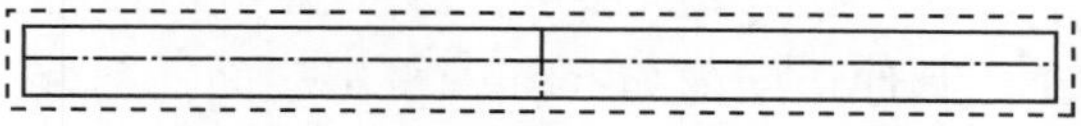

5. 上口沿条下料样板

在卡纸上复制出上口沿条净样板。在其外圈加放8mm合缝量，如图6-1-14所示。

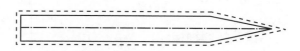

图 6-1-14　上口沿条下料样板

6. 肩带下料样板

在卡纸上复制出肩带净样板。在其外圈加放8mm合缝量，如图6-1-15所示。

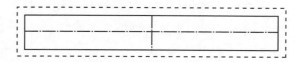

图 6-1-15　肩带下料样板

图 6-1-16　包带耳仔下料样板

7. 包带耳仔下料样板

在卡纸上复制出包带耳仔净样板。在其外圈加放8mm合缝量。如图6-1-16所示。

8. 锁扣下料样板

在卡纸上复制出锁扣净样板。在其外圈加放8mm合缝量。如图6-1-17所示。

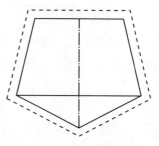

图 6-1-17　锁扣下料样板

三、托料样板的制作

1. 底部托料样板

在卡纸上画出底部净样板：25cm×11.5cm。净样板向内缩2mm，得出底部托料样板，托料样板的裁料样板为虚线内样板，如图6-1-18所示。

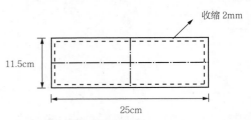

图 6-1-18　底部托料样板

2. 扇面托料样板

虽然前后扇面合成大扇面缝制，但前、后扇面托料样板需分开制作。

在卡纸上画出上宽20cm、下宽25cm、高22cm的梯形，除了上口边不缩小，其他边向内缩2mm，得出扇面托料样板，托料样板的裁料样板为虚线内样板，如图6-1-19所示。

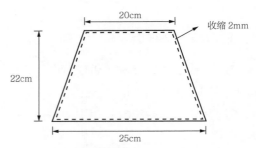

图 6-1-19　底部扇面托料样板

3. 堵头托料样板

在卡纸上复制出堵头净样板。净样板向内缩2mm，得出堵头托料样板，托料样板的裁料样板为虚线内样板，如图6-1-20所示。

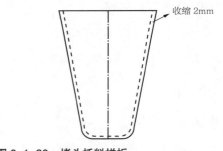

图 6-1-20　堵头托料样板

四、里料样板的制作

1. 拉链条里料样板

在卡纸上复制出拉链条净样板。在外圈加放出8mm合缝量，如图6-1-21所示。

图 6-1-21　拉链条里料样板

2. 大扇面里料样板

大扇面里料样板的制作工艺为合缝，该里料样板把扇面与堵头、包底组合在一起，其制作方法为：

①画出高20cm、上宽为39.5cm（扇面上部宽加两边堵头的一半长度）、下宽（虚线部分，即底部长方形的长）为36.5cm的梯形（扇面下部宽加两边堵头的一半宽度）。

②在下宽处加5.75cm。其样板高为25.75cm。如图6-1-22所示。

3. 肩带里料样板

在卡纸上复制出肩带净样板。在外圈加放出8mm合缝量，如图6-1-23所示为手提袋里的料样板。

4. 锁扣里料样板

在卡纸上复制出锁扣净样板。在外圈加放出8mm合缝量，如图6-1-24所示为锁扣里料样板。

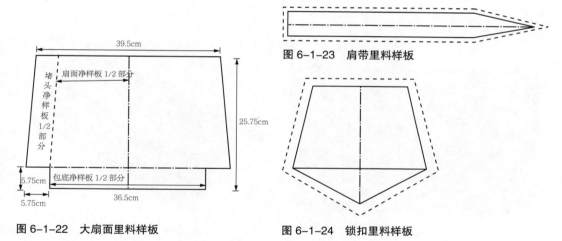

图 6-1-22　大扇面里料样板

图 6-1-23　肩带里料样板

图 6-1-24　锁扣里料样板

✍ 课后练习

1. 结合市场流行趋势，并通过网络资讯和相关杂志等查询及分析，设计一款由大扇（大面）和底部略圆的堵头（横头）组成的女士手提包绘制效果图。

2. 根据所设计的包体效果图，制作包体净样板、下料样板、托料样板、里料样板。

3. 总结由大扇（大面）和底部略圆的堵头（横头）组成的女士手提包样板制作要点。

4. 结合实际，优化由大扇（大面）和底部略圆的堵头（横头）组成的女士手提包的造型与功能部件。

第二节

大扇和锥形堵头组成的男包体出格

这款包由大扇（大面）和锥形堵头（横头）组成的男包，携带方式是手拿。手拿包可细分为两种不同的携带形式：一种是手拿的形式，一种是手挽的形式。在外形上手拿包比手挽包要精致，给人一种绅士并且很诚信专业的感觉，手拿包也方便使用者携带自己的名片、银行卡、手机、驾驶证件、钥匙等。

此款包为拉链打开方式，使用更加方便；内部有一暗袋，可放大张纸币增加其安全性。包体尺寸（包体扇面最长的边）长×宽×高为21cm×4cm×13cm，如图6-2-1所示。

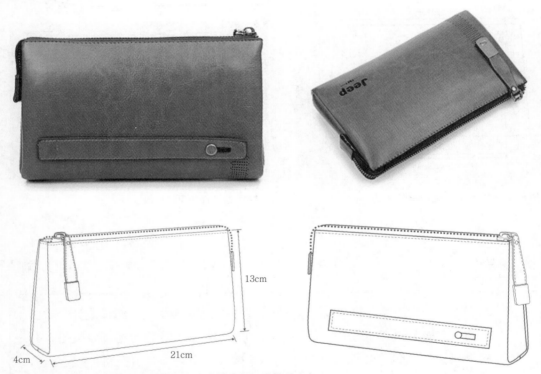

图 6-2-1 由大扇（大面）和锥形堵头（横头）组成的公文包

一、包体净样板的制作

该款包基础部件为堵头（横头），样板制作从基础部件即堵头（横头）开始。

1. 锥形堵头净样板

　　加入堵头的目的是为了包边，美化包体。虽说是锥形堵头，但该堵头净样板是一个4cm×13cm的长方形样板，在对准大扇面缝制后才会呈现出锥形。如图6-2-2所示。先做出13cm×4cm的长方形，并将底部倒圆。

2. 大扇面净样板

　　该包体前后扇面不分开，由一个大扇面和堵头组成，根据该包体提供的数据，前后扇面下宽为23cm、高13cm、上宽为21cm即包底长21cm、底宽4cm，画出大扇面净样板，如图6-2-3所示。

3. 内部中间扇面净样板

　　该包体内还有一个小型的暗袋，可放置整张纸币，更加安全，它也是前后扇面合成一个大扇面，上宽20cm，下宽21cm，高12cm。如图6-2-4所示。

4. 后扇面装饰条净样板

　　该包体后扇面有一条装饰条，大小可由自己喜好裁剪。做出16cm×2cm的长方形，如图6-2-5所示。

5. 挖兜框样板

　　该包有一个拉链条暗袋，其挖兜是一个中间镂空的长方形。样板制作方法如下：作出长17cm、宽3.6cm的长方形。

　　中间的挖兜宽1.2cm，其挖兜距离周边和挖兜宽都是1.2cm（一般的挖兜，中间镂空宽度1.4cm，但小型包体是1.2cm）。

　　如图6-2-6所示为挖兜框样板。

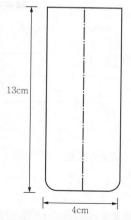

图 6-2-2　锥形堵头净样板

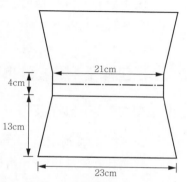

图 6-2-3　大扇面净样板

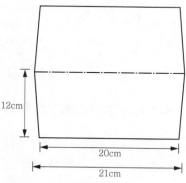

图 6-2-4　中扇面净样板

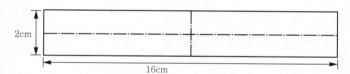

图 6-2-5　后扇面装饰条净样板

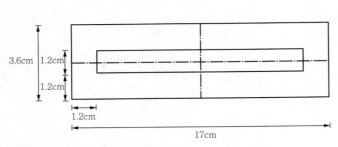

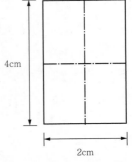

图 6-2-6　挖兜框样板

图 6-2-7　中扇面拉链条护片净样板

6. 中扇面拉链条护片净样板

　　该中扇面缝制拉链时拉链左右各有一个护片，防止拉链条露出来，大小可自行设计，参考数据为2cm×4cm，如图6-2-7所示。

二、包体下料样板的制作

1. 锥形堵头下料样板

　　在卡纸上复制出堵头净样板。在其外圈加放8mm翻缝量，并在其上侧放出5mm折边量，如图6-2-8所示。

2. 大扇面下料样板

　　在卡纸上复制出大扇面净样板。在其两侧放加8mm翻缝量，上下两侧放出8mm与拉链条翻缝量，如图6-2-9所示。

3. 内部中间扇面下料样板

　　在卡纸上复制出中扇面净样板。在其两侧加放8mm翻缝量，上下两侧放出8mm与拉链条翻缝量，如图6-2-10所示。

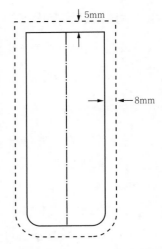

图 6-2-8　锥形堵头下料样板

4. 后扇面装饰条下料样板

　　在卡纸上复制出后扇面装饰条净样板。在其外圈加放5mm折边量，如图6-2-11所示。

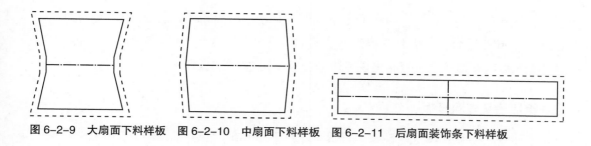

图 6-2-9　大扇面下料样板　图 6-2-10　中扇面下料样板　图 6-2-11　后扇面装饰条下料样板

三、托料样板的制作

1. 大扇面（大身）托料样板

虽然前后扇面合成大扇面缝制，但前、后扇面托料样板需分开制作。

①裁剪出一个上宽23cm、下宽21cm、高13.5cm的梯形。

②净样板向内缩2mm，得出前、后扇面托料样板，托料样板的裁料样板为虚线内样板，如图6-2-12所示。

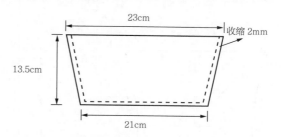

图 6-2-12　前（后）扇面托料样板

2. 底托料样板

裁剪出一个长×宽为21cm×3cm的长方形。将净样板向内缩2mm，得出底的托料样板，托料样板的裁料样板为虚线内样板，如图6-2-13所示。

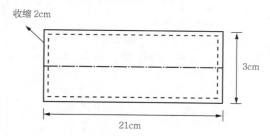

图 6-2-13　底托料样板

3. 堵头托料样板

在卡纸上复制出堵头净样板。除了上口边不缩小，其他边的净样板向内缩2mm，托料样板的裁料样板为虚线内样板，如图6-2-14所示。

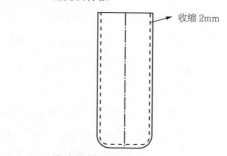

图 6-2-14　堵头托料样板

四、里料样板的制作

1. 大扇面里料样板

在卡纸上复制出大扇面净样板。在其两侧放出8mm翻缝量，并在其前扇面向下

2cm处挖槽，卡槽长9cm，两卡槽上下间距0.5cm，卡槽间距1cm，长槽距垂直对称轴0.25cm，用于放证件、名片之类卡片长槽的数量可自行设计，本款包为4个。在后扇面向下1cm处有一挖兜槽，复制出挖兜槽净样板。如图6-2-15所示。

2. 锥形堵头里料样板

在卡纸上复制出堵头净样板。将四周外加放8mm翻缝量，如图6-2-16所示。

3. 中扇面里料样板

在卡纸上复制出中扇面净样板。将四周外加放8mm合缝量，如图6-2-17所示。

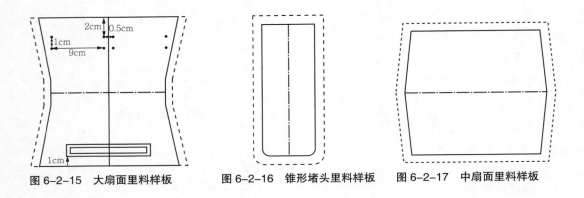

图 6-2-15 大扇面里料样板　　图 6-2-16 锥形堵头里料样板　　图 6-2-17 中扇面里料样板

✎ 课后练习

1. 结合市场流行趋势，并通过网络资讯和相关杂志等查询及分析，设计一款由大扇（大面）和锥形堵头（横头）组成的男包，绘制效果图。
2. 根据所设计的包体效果图，制作包体净样板、下料样板、托料样板、里料样板。
3. 总结一款由大扇（大面）和锥形的堵头（横头）组成的男包样板制作要点。
4. 结合实际，优化一款由大扇（大面）和锥形堵头（横头）组成的男包的造型与功能部件。

大扇和圆形堵头组成的旅行包出格

由大扇（大面）和圆形堵头（横头）组成的旅行包又叫旅游包，顾名思义就是指为旅行或者旅游而准备的一类包，如图6-3-1所示。

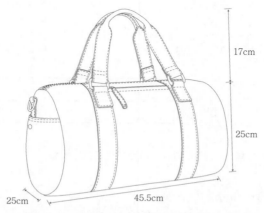

图 6-3-1　由大扇（大面）和底部略圆的堵头（横头）组成的旅行包

一、包体净样板的制作

该款旅行包基础部件为堵头（横头），样板制作从基础部件即堵头（横头）开始。

1. 圆形堵头上部和下部外净样板及圆形堵头内下部净样板

根据包体要求，堵头外加有一个贴兜，此处样板应该分成三部分，即堵头上部部件、堵头下部部件、堵头下部内部部件。制作步骤如下：

①画出一个直径为25cm的圆，此圆为堵头的整体样板。

②复制出整体堵头样板，从圆心O向上在半径上量取5.5cm得到一点，过该点作垂直于半径的直线，以这条线作为标记线，如图6-3-2所示。

③复制出整体堵头样板，将标记

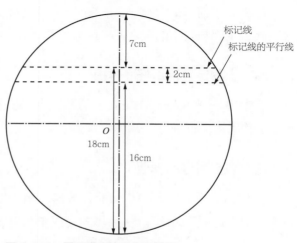

图6-3-2　圆形堵头的制作净样板

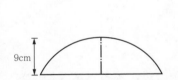

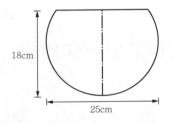

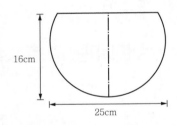

图6-3-3 圆形堵头外上部净样板　图6-3-4 圆形堵头外下部净样板　图6-3-5 圆形堵头内下部
净样板（用里料下料）

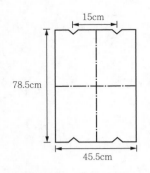

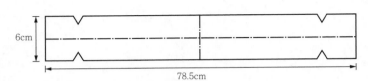

图6-3-6 大扇面（大身）净样板　图6-3-7 扇面包带耳仔净样板

线往下移2cm得到高度为9cm的圆形堵头外上部净样板（通常上部深度往贴兜内部延伸2cm），如图6-3-3所示。

④标记线以下部分为高度18cm的圆形堵头外下部净样板，如图6-3-4所示。

⑤步骤③中的另一部分可作为堵头下部内部部件净样板（长25cm，深度16cm），如图6-3-5所示。

2. 大扇面净样板

此大扇面由前后扇面与包底组成。

做出长（前扇面长度+包底长度+后扇面长度）78.5cm、宽45.5cm的长方形。四个牙剪代表扇面与包带的接合处，两牙剪间距15cm，如图6-3-6所示。

3. 扇面上固定包带耳仔净样板

裁剪出一个78.5cm×6cm的长方形，用于加强扇面与包带的稳固性，如图6-3-7所示。

4. 堵头包带耳仔净样板

裁剪出一个4.5cm×10cm的长方形，用于固定堵头两侧的锁扣，使包体可以从手提式变成单肩背式，如图6-3-8所示。

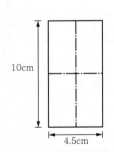

图6-3-8 堵头包带耳仔净样板

5. 挖兜框净样板

该包有一个拉链条暗袋，其挖兜框是一个中间镂空的长方形，所以作出长27.8cm、宽4.2cm的长方形。

中间的挖兜宽1.4cm，其挖兜距离周边挖兜框都是1.4cm（一般挖兜框中间镂空都是1.4cm的宽度），如图6-3-9所示。

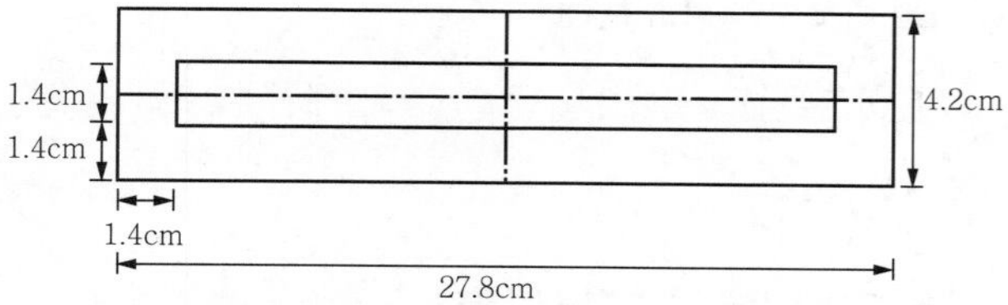

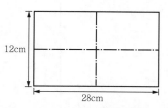

图6-3-9 挖兜框净样板

6. 手机、证件暗袋净样板

裁剪出一个28cm×12cm的长方形，作为手机、证件暗袋净样板，如图6-3-10所示。

图6-3-10 手机、证件暗袋净样板

图6-3-11 挖兜净样板

7. 挖兜净样板

挖兜基本上都是采用上下背面分别对其挖兜槽背面合缝的工艺。裁剪出一个25cm×42cm的长方形，作为挖兜净样板，如图6-3-11所示。

二、包体下料样板的制作

1. 圆形堵头上部下料样板

在卡纸上复制出圆形堵头上部净样板。在其上圈加放8mm翻缝量，并在其下宽加放8mm压荏量，如图6-3-12所示。

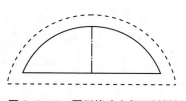

图6-3-12 圆形堵头上部下料样板

2. 圆形堵头下部下料样板

在卡纸上复制出圆形堵头下部外净样板。在其下圈加放8mm翻缝量，并在其上宽加放5mm折边量，如图6-3-13所示。

3. 大扇面下料样板

在卡纸上复制出大扇面净样板。在其两侧加放8mm合缝量，并在其上下两侧加放8mm翻缝量，如图6-3-14所示。

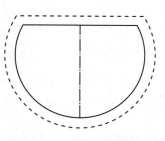

图6-3-13 圆形堵头下部下料样板

4. 扇面包带耳仔下料样板

在卡纸上复制出扇面包带耳仔净样板。在其外圈加放8mm折边量，如图6-3-15所示。

5. 堵头包带耳仔下料样板

在卡纸上复制出堵头包带耳仔净样板。在其外圈加放8mm折边量，如图6-3-16所示。

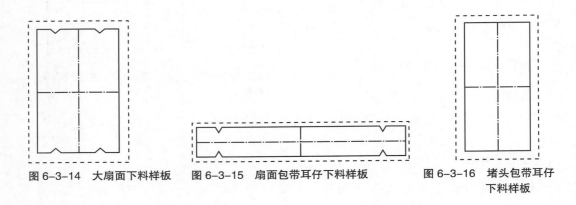

图 6-3-14 大扇面下料样板　　图 6-3-15 扇面包带耳仔下料样板　　图 6-3-16 堵头包带耳仔下料样板

三、托料样板的制作

1. 扇面托料样板

虽然前后扇面合成大扇面缝制，但前后扇面托料样板需分开制作。

①在卡纸上画出45.5cm×58.5cm的长方形扇面净样板。

②净样板向内缩2mm，得出扇面托料样板，托料样板的裁料样板为虚线内样板，如图6-3-17所示。

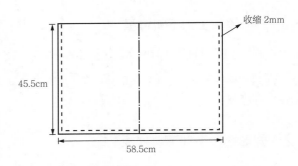

图 6-3-17 扇面托料样板

2. 堵头托料样板

在卡纸上复制出上部堵头与下部堵头的净样板。将它们合成一个堵头净样板，并将其外圈向内缩2mm，如图6-3-18所示。

3. 包底托料样板

在卡纸上画出一个为45.5cm×19cm的长方形包底，如图6-3-19所示。

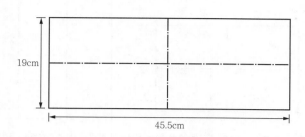

图 6-3-18　堵头托料样板　　图 6-3-19　包底托料样板

四、里料样板的制作

1. 大扇面里料样板

在卡纸上复制出大扇面净样板。在其外圈加放出8mm翻缝量。该包在后扇面里多了一个挖兜，挖兜的位置一般定在距离后扇面上边缘向下量取至少3cm的位置，也可以依据具体情况再向下移动一段距离，原则是不影响包体的其他部件功能并且符合美学要求，如图6-3-20所示。

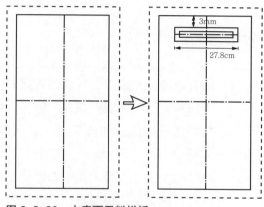

图 6-3-20　大扇面里料样板

2. 堵头里料样板

在卡纸上复制出上部堵头与下部堵头的净样板。将它们合成一个堵头净样板，并将其外圈向外加放8mm翻缝量，如图6-3-21所示。

3. 圆形堵头下部内下料样板

在卡纸上复制出堵头下部内净样板。在下圈加放8mm翻缝量，并在其上宽加放8 mm压茬量，用里料来下裁，如图6-3-22所示。

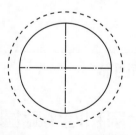

图 6-3-21　堵头里料样板

4. 手机、证件暗袋里料样板

在卡纸上复制出手机、证件暗袋净样板。在其两侧与下侧加放8mm合缝量，如图6-3-23所示。

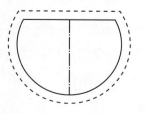

图 6-3-22　圆形堵头下部内样板

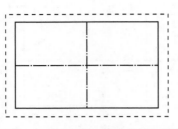

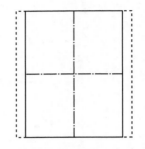

图6-3-23　手机、证件暗袋里料样板　　　图6-3-24　挖兜里料样板

5. 挖兜里料样板

在卡纸上复制出挖兜净样板。在其两侧加放8mm合缝量，如图6-3-24所示。

✎ 课后练习

1. 结合市场流行趋势，并通过网络资讯和相关杂志等查询及分析，设计一款由大扇（大面）和圆形堵头（横头）组成的旅行包，绘制效果图。
2. 根据所设计的包体效果图，制作包体净样板、下料样板、托料样板、里料样板。
3. 总结由大扇（大面）和圆形堵头（横头）组成的旅行包样板制作要点。
4. 结合实际，优化由大扇（大面）和圆形堵头（横头）组成的旅行包的造型与功能部件。

第四节

大扇和四角略圆形堵头组成的包体出格

此款包体，与迪奥经典款十分相似，采用手提式与单肩背式两种方式，开关方式为拉链式，使用人群年龄基本为20岁以上。该款包成熟且不失大方，材料的选择可选取天然皮革、帆布等。包体尺寸为33cm×18cm×22.5cm，如图6-4-1所示。

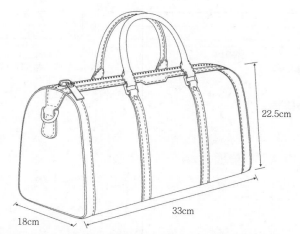

图6-4-1　由大扇（大面）和四角略圆形堵头（横头）组成的包体

一、包体净样板的制作

此款包由基础部件为堵头（横头），样板制作从基础部件即堵头（横头）开始。

1. 堵头净样板

在卡纸上画出一个上宽为16cm、下宽为18cm、高为22.5cm的梯形，并且对四个角进行倒圆角，得到一个类似椭圆形的样板，作为该包体的堵头净样板，如图6-4-2所示。

2. 大扇面净样板

裁剪出一个71cm×33cm的长方形。打上四个对齐的牙剪，边距均为11cm，作为包带耳仔位置，如图6-4-3所示。

3. 拉链条净样板

裁剪出一个33cm×3.5cm的长方形，作为该包体的拉链两侧的净样板，如图6-4-4所示。

4. 手把净样板

裁剪出一个35.5cm×4cm的长方形，如图6-4-5所示。

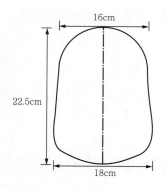

图6-4-2　堵头净样板

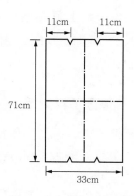

图6-4-3　大扇面净样板

图6-4-4　拉链条净样板　　　　　　　图6-4-5　手把净样板

5. 包带耳仔净样板

包带耳仔的功能为固定包带。裁剪出一个35.5cm×2.4cm的长方形，作为该包体大扇面上的四条包带耳仔净样板，如图6-4-6所示。

裁剪出一个7cm×3cm的长方形，作为该包体堵头上的两条包带耳仔净样板，如图6-4-7所示。

图6-4-6　（大扇面）包带耳仔净样板　　　　图6-4-7　（堵头）包带耳仔净样板

6. 大扇面包边条净样板

包边条的作用一个是使包体看起来美观整洁，另一个是补强。裁剪出一个71cm×4cm的长方形作为大扇面包边条净样板。如图6-4-8所示。

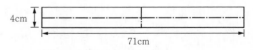

图6-4-8　大扇面包边条净样板

二、包体下料样板的制作

1. 堵头下料样板

在卡纸上复制出堵头净样板。在其外圈加放8mm合缝量，如图6-4-9所示。

2. 大扇面下料样板

在卡纸上复制出大扇面净样板。在其外圈加放8mm合缝量，如图6-4-10所示。

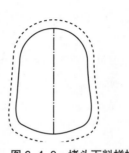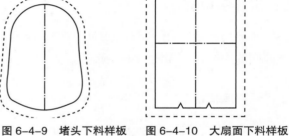

图6-4-9　堵头下料样板　　　图6-4-10　大扇面下料样板

3. 手把下料样板

在卡纸上复制出手把净样板。并在外圈加放8mm合缝量，如图6-4-11所示。

图 6-4-11　手把下料样板

4. 包带耳仔下料样板

在卡纸上复制出（大扇面）包带耳仔净样板。在外圈加放8mm合缝量，如图6-4-12所示。

图 6-4-12　包带耳仔下料样板

5. 橡筋布下料样板

在卡纸上复制出（堵头）包带耳仔净样板。在其两侧外加放8mm压荐量。如图6-4-13所示。

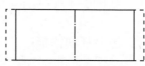

图 6-4-13　橡筋布下料样板

6. 大扇面包边条下料样板

在卡纸上复制出大扇面包边条净样板。在外圈加放8mm合缝量，如图6-4-14所示。

图 6-4-14　大扇面包边条下料样板

7. 拉链下料样板

在卡纸上复制出拉链条净样板。在外圈加放8mm合缝量，复制出两个上墙子下料样板，其中一边加放8mm压荐量用于装置拉链，如图6-4-15所示。

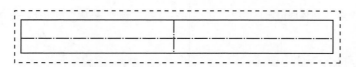

图 6-4-15　拉链下料样板

三、托料样板的制作

1. 拉链条托料样板

在卡纸上复制出拉链条净样板。将其外圈向内收缩2mm，如图6-4-16所示。

图6-4-16 拉链条托料样板

2. 扇面托料样板

虽然前、后扇面合成大扇面缝制，但前、后扇面托料样板需分开制作。

在卡纸上画出33cm×54cm的长方形扇面净样板，除了上口边不缩小以外，其他边的净样板向内缩2mm，得出扇面托料样板，托料样板的裁料样板为虚线内样板，如图6-4-17所示。

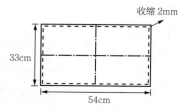

图6-4-17 扇面托料样板

3. 包底托料样板

在卡纸画出一个33cm×16cm的长方形包底净样板。将其外圈向内收缩2mm。托料样板下裁以虚线内样板进行，如图6-4-18所示。

4. 堵头托料样板

在卡纸上复制出堵头净样板。将其外圈向内收缩2mm，如图6-4-19所示。

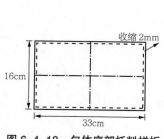

图6-4-18 包体底部托料样板

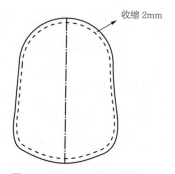

图6-4-19 堵头托料样板

四、里料样板的制作

1. 大扇面里样板

在卡纸上复制出大扇面净样板。在外圈加放8mm合量，如图6-4-20所示。

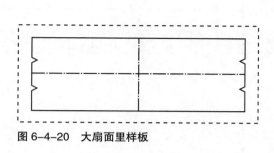

图 6-4-20　大扇面里样板

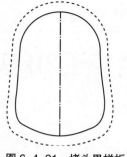

图 6-4-21　堵头里样板

2. 堵头里样板

在卡纸上复制出堵头净样板。在外圈加放8mm合缝量，如图6-4-21所示。

✐ 课后练习

---

1. 结合市场流行趋势，并通过网络资讯和相关杂志等查询及分析，设计一款由大扇（大面）和四角略圆形堵头（横头）组成的包体，绘制效果图。

2. 根据所设计的包体效果图，制作包体净样板、下料样板、托料样板、里料样板。

3. 总结由大扇（大面）和四角略圆形堵头（横头）组成的包体样板制作要点。

4. 结合实际，优化由大扇（大面）和四角略圆形堵头（横头）组成的包体的造型与功能部件。

第七章

前后扇面和包底及堵头组成的包体出格

✏ **本章提要**

　　本章主要讲授由前后扇面（幅面）和包底及两个堵头（横头）组成的男包样板制作；由前后扇面（幅面）和包底及两个堵头（横头）组成的女包样板制作；由前后扇面（幅面）和包底及两个堵头（横头）组成的学生包样板制作；由前后扇面（幅面）和包底及两个堵头（横头）组成的小型包样板制作。

✏ **学习目标**

1. 认识和理解由前后扇面（幅面）和包底及两个堵头（横头）组成的包体结构特征。
2. 理解和熟悉由前后扇面（幅面）和包底及两个堵头（横头）组成的包体样板制作的原则和要求。
3. 掌握由前后扇面（幅面）和包底及两个堵头（横头）组成的包体样板设计，并具有一定的包体部件造型变化能力。

　　由前后扇面（幅面）和包底及两个堵头（横头）组成的包体，由于结构所具有的装饰性及开关功能的特殊性，一直以来备受各个阶层人士的青睐。此类皮具从款式造型上、整体质量上都有了很大提高，在高档皮具的设计中应用较多。

　　男包主要有手提包、手拿包、休闲男包、运动男包等；女包主要有化妆包、手提包、手拿包、斜挎包、晚装包等；学生包主要有双肩背包、学生电脑背包、学生书包、学生CD包、后背包等；小型包主要有短款钱包、长款钱包、胸包、多功能包等。

　　该类型包的主要材质有貂毛皮、兔毛皮、帆布、牛皮、羊皮、合成革、棉布、麻布、牛仔布等。

第一节

前后扇面和包底及堵头组成的男包出格

　　男士对包的需求，其实正如同他们对服装的需求一样，从类别上逐渐丰富，造型感变化微妙。男士包袋的重复使用率极高，着重强调上乘的品质以及设计的现代感。尤其是白领男士的公事包，总是以质地考究、做工精良为标准。

　　得体的男士公事包不仅能够提升男士的时尚品位，还能让男士的心情得以舒展，也是对索然无味的服装和办公风造型的装饰亮点。公事包通常具有超强的容纳力，而且十分注重功能性，所有的物品都在这个空间内被放置得井井有条，让男士们在职场中出色地发挥。

　　包是服装的配饰品，黑色、灰色、棕色等深色系是男士们常搭配的色系。选择公事包最好与服装色调统一，由于公事包颜色比较单调，因此黑色配深色西服，黄色或咖啡色配浅色西服为佳。对于主要以西装打扮出门的职业男士来说，建议使用褐色系的公事包。褐色系的男士公事包从明亮的浅褐色到沉稳的深褐色，种类繁多，相比黑色也显得更加轻便，褐色的色彩感展现出男士的忠厚感觉。金属扣环也是决定一个公事包好坏的标准，所以设计的时候也是一个需要注重的重要环节。

　　在选用材料时，一般公事包会选用较为耐磨的皮革类，如哥特风的鳄鱼皮包，或是蟒蛇皮包，采用稀有高贵的皮革，其坚韧、耐用以及奢华的品质是男士选用的主要因素。

　　此款包基础部件为堵头（横头），因此样板制作从基础部件即堵头（横头）开始。该款包的堵头为底部呈圆形的梯形堵头。该包体尺寸长×宽×高为36cm×7.6cm×27.5cm，手提高8cm，手把长约32cm，如图7-1-1所示。

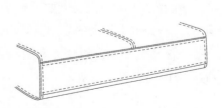

图7-1-1　前后扇面和包底及堵头（横头）组成的男包

一、包体净样板的制作

1. 堵头净样板

堵头的上宽AB=6cm，下宽CD=7.6cm，高度MN=25cm，如图7-1-2所示。制作方法如下：

①在卡纸上作一条垂直对称轴线，过M、N点水平对称截取AM=MB，CN=ND，得A、B、C、D点。

②通过平行线相交找到圆心O_1，并以1cm作为半径，作出$\overset{\frown}{B_1B_2}$（长度为1.5cm）。同理作出$\overset{\frown}{D_1D_2}$弧线，确定了圆弧长度及堵头与扇面缝合部分的周边长度。

③在$\overset{\frown}{B_1B_2}$、$\overset{\frown}{D_1D_2}$的中点C_1、C_2各做一个分割（可以打一个牙剪定位），$1/2\overset{\frown}{B_1B_2}$在底部，所以堵头的底边长为：$1/2\overset{\frown}{B_1B_2}$+$1/2\overset{\frown}{D_1D_2}$+$\overset{\frown}{B_2D_2}$，$1/2\overset{\frown}{B_1B_2}$在侧面，所以堵

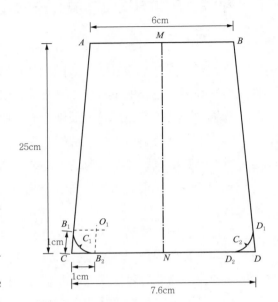

图7-1-2 堵头净样板下料样板

头的侧面长为：$1/2\overset{\frown}{B_1B_2}$+$AB_1$的长度。此款包采用的是油边工艺，所以不需要加放8mm的加工余量，下料样板可以直接用净样板。

2. 扇面净样板

如图7-1-3为扇面净样板。

①在卡纸上作一条垂直对称轴线O_1O_2，过O_1O_2点水平对称截取EO_1=FO_1，GO_2=HO_2，得E、F、G、H点。

②扇面下长为GH=36cm（下长=上长=包体的长度），此包的底片宽小于底宽，底片宽为4cm，而底宽为7.6cm，因此，O_1O_2=EA+AB_1+B_1C_1+C_1G=29.05cm，EA为扇面上部，加放量一般不超过3cm（可根据款式自行加量，美观即可），此款包选择2.75cm。AB_1为堵头侧边长度，B_1C_1为1/2的圆弧长度，C_1G为部分底片宽度（即与图7-1-2中的C_1B_2相同），长度要根据堵头侧边测量的长度和底片的大小来设计（此款包EF=GH，若为上小下大的款型，则EF小于GH）。

③以O_1点为中点，过该点向两侧各量取7cm的长度，并打牙剪定位。依据量取的长度EG=29.05cm，EA=2.75cm。

3. 包底和贴边净样板

在卡纸上作出长36cm、宽4cm的一个长方形。如图7-1-4所示。

4. 挖兜样板

在长纸上作一个长31cm、宽4.2cm的长方形。在长方形内作长28.2cm、宽1.4cm的挖兜长方形，如图7-1-5所示。注意要留出可供拉链头拉动的宽度，一般拉链头的宽度为0.8~1cm，在制作包体时，要在材料的背面垫一个拉链框。

5. 手把下料样板

在卡纸上作长56cm、宽6cm的长方形，依据辅料装饰件的尺寸来确定手把的宽度，不规则形状可自行设计美观即可，如图7-1-6所示。

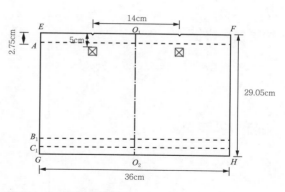

图7-1-3　扇面净样板

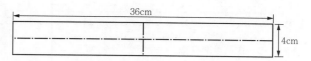

图7-1-4　包底和贴边净样板

图7-1-5　挖兜样板

6. 耳仔净样板

在卡纸上作出长14cm、宽2.5cm的长方形。把四个直角倒圆，得到一个椭圆形的耳仔净样板，如图7-1-7所示。采用油边工艺，净样板即下料样板。

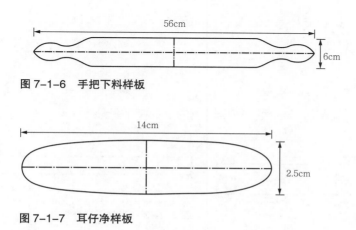

图7-1-6　手把下料样板

图7-1-7　耳仔净样板

7.拉链条净样板

在卡纸上作出长31cm、宽2.5cm的长方形，如图7-1-8所示。

8.扇面 1/2 净样板

在卡纸上作出长18cm、宽29.05cm的长方形，如图7-1-9所示。

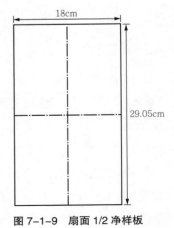

图 7-1-9　扇面 1/2 净样板

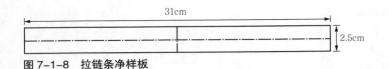

图 7-1-8　拉链条净样板

二、包体下料样板的制作

此款包上口处和侧边堵头处都采用油边工艺。

1.扇面 1/2 下料样板

虚线表示对称轴，在卡纸上复制出1/2扇面净样板。在整块扇面净样板的基础上，合缝处以及下面各加放8mm，如图7-1-10所示。

2.包底下料样板

在卡纸上复制出包底净样板。在净样板的上下各加放8mm，如图7-1-11所示。

图 7-1-10　扇面 1/2 下料样板

3.贴边下料样板

在卡纸上复制出贴边净样板。在净样板的下面加放8mm，如图7-1-12所示。

图 7-1-11　包底下料样板　　　　图 7-1-12　贴边下料样板

4. 包体里样板的制作

①取得一个梯形的里样板，尺寸如图7-1-13所示。O_1O_2=29.05+2=31.05（cm），AB=1/2堵头上宽+1/2扇面上长+1/2堵头上宽=3+36+3=42（cm），CD=1/2堵头下宽+1/2扇面上长+1/2堵头下宽=3.6+36+3.6=43.2（cm）。

②在梯形的里样板下边和左右两边各取4cm，分别作出底边和左右两边的平行线，截去4cm×4cm的平行四边形，即得到包体里样板。

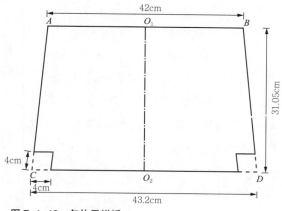

图7-1-13　包体里样板

✏️ **课后练习**

1. 结合市场流行趋势，并通过网络资讯和相关杂志等查询及分析，设计一款前后扇面（幅面）和堵头（横头）组成的男包，绘制效果图。
2. 根据所设计的包体效果图，制作包体净样板、下料样板、托料样板、里料样板。
3. 总结由前后扇面（幅面）和堵头（横头）组成的男包包体样板制作要点。
4. 结合实际，优化由前后扇面（幅面）和堵头（横头）组成的男包包体的造型与功能部件。

第二节

前后扇面和包底及堵头组成的女包出格

该节中的女包主要介绍了一款凯莉包，爱马仕旗下的两大经典系列包袋分Kelly（凯莉）包和 Birkin（铂金）包两种，两款包袋有着不同的风格，所以很容易区别出来。爱马仕凯莉包（Hermes Kelly）成名于1956年的《Life》杂志，当时杂志上刊登了摩洛哥王妃格蕾丝·凯利（Grace Kelly）怀着身孕拎着爱马仕凯莉包的照片，而"Hight Bag"也自此变更为Hermes Kelly，也因此而卷起了狂潮。凯莉包最初只有28cm、32cm和35cm三种型号，1980年，增加了40cm的新款。每款铂金包和凯莉包上都有年份标记，铂金包和凯莉包正面右边金属扣的背面凹下去的正方形框内有表示年份的英文字母。

图 7-2-1　前后扇面和包底及堵头（横头）组成的女包

凯莉包的主要材质有各种压花天然皮革、合成革、人造革等。

此款包基础部件为堵头（横头），样板制作从基础部件即堵头（横头）开始。包体尺寸长×宽×高为26cm×11.5cm×19cm，手提长度26cm，肩带长约108cm，如图7-2-1所示。

一、包体净样板的制作

1. 堵头净样板

①在卡纸上作一个梯形，作为堵头，堵头的上宽为9cm，下宽为1.2+9+1.2=11.4（cm），高为19cm。

②堵头下部通过两条垂直线相交，挖掉边长1.2cm、高1.2cm的直角梯形（制作时采用合缝工艺）。堵头的底边长9cm，侧边长17.8cm，上边长9cm。

③从梯形上宽向下量取4cm，从侧边向里量取1.5cm定位扣带穿过的位置。

④扣带孔的长和宽以及扣带样板的大小需要根据五金饰扣来具体操作。

如图7-2-2所示为堵头净样板。

2. 扇面净样板

①扇面是包体的主要部件，尺寸由堵头决定。在卡纸上作出一个长26cm、宽18.8cm的长方形（由于此款包的特殊性，前后扇面各向

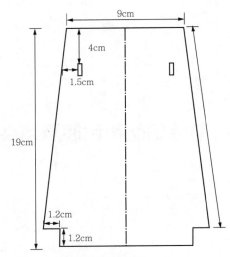

图 7-2-2　堵头净样板图

底部延伸1cm，所以宽度为17.8cm+1cm=18.8cm）。从长方形上边往下3.5cm冲孔定位。

②从长方形上边向下量取4cm，从两侧边向里量取1.5cm，定为扣带（扣带宽度以所使用的五金件尺寸为设计标准）穿过的位置。

如图7-2-3所示即为扇面净样板。

3. 包底净样板

在卡纸上作出一个长26cm、宽7.6cm的长方形，如图7-2-4所示，即为包底净样板。

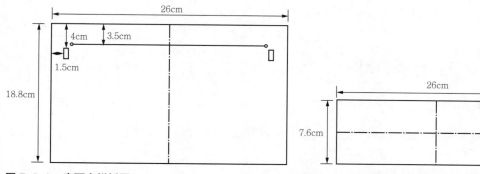

图 7-2-3　扇面净样板图

图 7-2-4　包底净样板图

4. 包盖净样板

①在卡纸上作一个长26cm、宽16cm的长方形。

②在长方形下侧的左右两边分别挖去长为3cm、宽为4.5cm的长方形。

③在长方形上部距边4cm作出一条水平直线，再作一条该直线的平行线，两线之间的距离为0.5cm，左右两边都挖去一个45°角的等腰直角三角形（具体根据前文包盖通用样板制作）即为包盖净样板，如图7-2-5所示。

④从长方形上边向下量取6cm，从侧边向里量取2cm。取一个长为3cm、宽为2cm的矩形，为提手的定位位置。

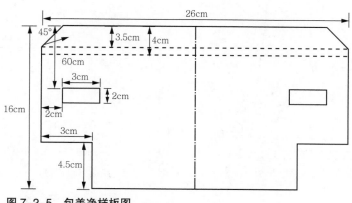

图 7-2-5　包盖净样板图

5. 提手净样板

在卡纸上作一个长30cm、宽2cm的长方形两端呈三角形，△ABC为等腰直角三角形，AB=CB。如图7-2-6所示，提手的造型多样，也可根据喜好及流行趋势调整形状。

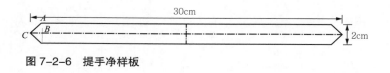

图 7-2-6　提手净样板

二、包体下料样板的制作

1. 堵头下料样板

在卡纸上复制出堵头净样板，在其外圈加放8mm合缝量，如图7-2-7所示。

2. 扇面下料样板

在卡纸上复制出扇面净样板。并在其外圈加放8mm合缝量，如图7-2-8所示。

3. 包底下料样板

在卡纸上复制出包底净样板。并在其外圈加放8mm合缝量，如图7-2-9所示。

4. 包盖下料样板

在卡纸上复制出包盖净样板。并在其外圈加放8mm合缝量，如图7-2-10所示。

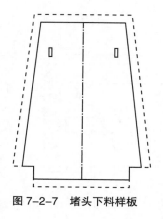

图 7-2-7　堵头下料样板

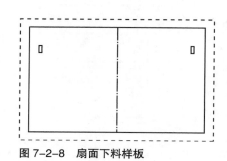

图 7-2-8　扇面下料样板

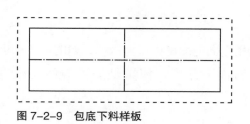

图 7-2-9　包底下料样板

图 7-2-10　包盖下料样板

三、托料样板的制作

1. 包底托料样板

在卡纸上复制出包底净样板，为包底的托料样板，如图7-2-11所示。

可以直接用包底的净样板作为托料样板，在厚度上选稍微薄一点的硬质材料，作用是加强包底的硬度和定型性。

图 7-2-11　包底托料样板

2. 包盖的托料样板

①可以直接复制出包盖的净样板作为托料样板，如图7-2-12所示。在厚度上选稍微薄一点的硬质材料，包盖的面料和里料基本上都是用同种颜色和材质的面料来制作的，包盖面需要一整块托料。

②包盖的里也需要一块托料，这个可以在包盖的净样板前端取6cm处一部分作为托料样板。在卡纸上复制出包盖净样板，距前端边取6cm，托料为净样板前端的一部分，如图7-2-13所示。作用是加强包盖的开关硬度和定型性，并且此处是安装开关锁的部位，起到加强作用。

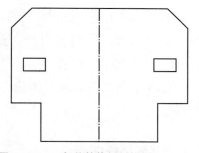

图 7-2-12　包盖整体托料样板

6cm

图 7-2-13　包盖包口托料样板

3. 堵头的托料样板

在卡纸上复制堵头净样板，可以直接用堵头的净样板作为托料，如图7-2-14所示。在厚度上选稍微薄一点的硬质材料作为托料，作用是加强堵头的硬度和定型性。

4．扇面的托料样板（托料为净样板）

在卡纸上复制扇面净样板，可以直接用扇面的净样板作为托料，如图7-2-15所示。

在厚度上选稍微薄一点的硬质材料作为托料，作用是加强扇面的硬度和定型性。

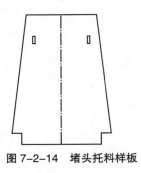

图 7-2-14　堵头托料样板

图 7-2-15　扇面托料样板

四、里料样板的制作

1．大扇面里样板

①在卡纸上复制出包底净样板，再在卡纸上复制扇面净样板，把两者组合为整体。得到一个长26cm、全宽49.1cm的长方形。

②再在上下两端加放8mm加工量。如图7-2-16所示。

2．堵头面里样板

在卡纸上复制堵头净样板。将净样板上口加放8mm，如图7-2-17所示。

3．包盖里样板

在卡纸上复制出包盖净样板。并在其外圈加放8mm，如图7-2-18所示。

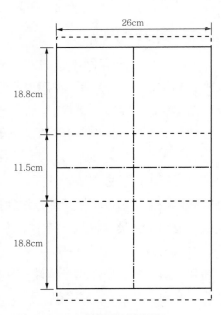

图 7-2-16　大扇面里料样板

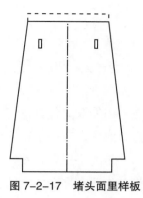

图 7-2-17　堵头面里样板

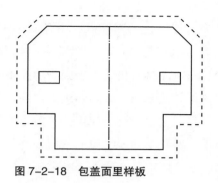

图 7-2-18　包盖面里样板

✎ 课后练习

1. 结合市场流行趋势，并通过网络资讯和相关杂志等查询及分析，设计一款前后扇面（幅面）和堵头（横头）组成的铂金包，绘制效果图。

2. 根据所设计的包体效果图，制作包体净样板、下料样板、托料样板、里料样板。

3. 总结由前后扇面（幅面）和堵头（横头）组成的铂金包包体样板制作要点。

4. 结合实际，优化由前后扇面（幅面）和堵头（横头）组成的铂金包包体的造型与功能部件。

第三节

前后扇面和包底及堵头组成的学生包出格

由前后扇面（幅面）和包底及两个堵头（横头）组成的休闲双肩包（也称学生包）很受欢迎。这种包体存储量大，便于背负且解放双手，非常适宜出行、远足，同时也适合工作人士携带笔记本电脑等较大物品。除去实用性之外，此类包还非常舒适、时尚，可以做成双肩电脑包、运动双肩包、时尚双肩包等。

由于采用了防震保护材料，加上特别的人体工程学设计和独特加固制作工艺，双肩电脑包极为坚实耐用，深受欢迎。电脑双肩包除了有专门用于装电脑的防震保护隔层，也有相当大的空间可以用于装行李等小物件。许多高品质的电脑双肩包也被广泛当作运动旅行包使用。

　　运动双肩包设计上非常跳跃，颜色较为鲜艳。主要运动品牌耐克、阿迪达斯、李宁、鸿星尔克等每年都会推出大量新款时尚双肩包，受到一大批20岁上下的潮男潮女追捧。运动双肩包在材质和做工上因为功能不同质量上也有所差别。比如一些大品牌的双肩包在面料和款式革新上、功能上也得到了扩展，户外用的双肩包具备防水功能。

　　时尚双肩包则主要为女士使用，多数由聚氨酯材料做成，也有用帆布面料做成的，体积有大有小。聚氨酯面料的包通常用来替代女士出门必带的手提包，而帆布面料的双肩包也为中小学生所喜爱，用作上学书包。时尚双肩包较为适合穿着休闲的女士出门时携带。时尚双肩包方便携带，彻底解放双手，也非常适合女士在非正式场合使用。

　　双肩包的主要特点是方便携带，解放双手，轻负重，耐磨佳，为外出提供了方便。该节主要介绍了一款时尚、学院风的双肩包，款式简洁大方又有复古味，色彩多元，材料主要是植鞣皮革、疯马效应牛皮革等。

　　包体尺寸长×宽×高为26cm×14cm×30cm，扣带长约40cm，包带长约108cm，如图7-3-1所示。

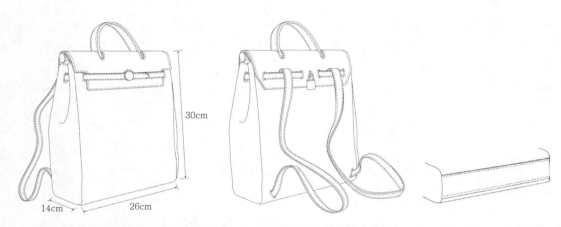

图 7-3-1　由前后扇面（幅面）和包底及两个堵头（横头）组成的学生包

一、包体净样板的制作

此款包基础部件为堵头（横头），所以样板制作从基础部件即堵头（横头）开始。

1. 堵头净样板

　　①在卡纸上作长14cm、高30cm的长方形。

　　②从长方形上边向下量取6cm，从左侧边向里量2cm，作一个长1cm、宽2.5cm的长方形。控制长方形之间的间距为2cm，再作同样大小的长方形。目的是为了便于扣带

的穿过，在样板的右半面同样作两个长方形。

③在样板下部，通过作横、竖边长的两条平行线相交找到圆心，并以1cm为半径，作出弧线。在弧线B_1B_2的中间部位做一个分割（打一个牙剪定位），样板底部圆弧1/2在底部，1/2在侧面，如图7-3-2所示。

2. 扇面净样板

①在卡纸上先作出一个长26cm、宽30cm的长方形。

②从长方形上边往下量取6cm，从左侧边向里量取5.5cm，挖去一个长1.0cm、宽2.5cm的长方形。控制间距为5.5cm再挖去一个同样大小的长方形。目的是为了便于扣带的穿过。扇面右侧同样操作，也制作两个长方形，如图7-3-3所示。

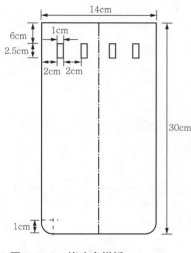

图 7-3-2　堵头净样板

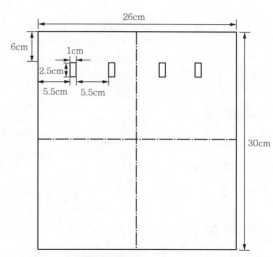

图 7-3-3　扇面净样板

3. 包底净样板

在卡纸上作出一个长26cm、宽13.5cm的长方形，如图7-3-4所示。

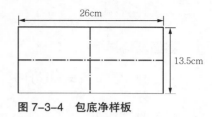

图 7-3-4　包底净样板

4. 包盖净样板

①在卡纸上作长26cm、宽34.4cm的长方形。

②分别在长方形侧边向下量取4cm、14.4cm处打牙剪定位，如图7-3-5所示。

③为了包盖的美观性，在包盖上部的左右两侧分别去掉边长为3.5cm的等腰三角形，在下部左右两边分别去掉边长为4cm的正方形。而扣带穿过地方的定位方法同扇面净样板。

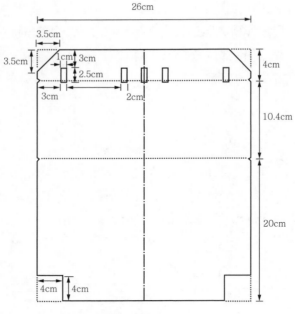

图 7-3-5　包盖净样板

5. 包带净样板

在卡纸上作出一个长108cm、宽2.5cm的长方形，如图7-3-6所示。

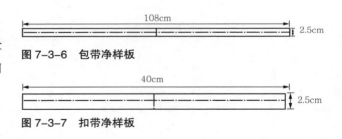

图 7-3-6　包带净样板

图 7-3-7　扣带净样板

6. 扣带净样板

在卡纸上作出一个长40cm、宽2.5cm的长方形，如图7-3-7所示。

二、划料样板

1. 扇面划料样板

在卡纸上复制出扇面净样板。在净样板的基础上统一加放8mm，如图7-3-8所示。

2. 包底划料样板

在卡纸上复制出包底净样板。在净样板的基础上统一加放8mm，如图7-3-9所示。

3. 堵头划料样板

在卡纸上复制出堵头净样板。在净样板的基础上统一加放8mm，如图7-3-10所示。

4. 包盖划料样板和包盖里料样板

在卡纸上复制出包盖净样板。在净样板的基础上统一加放8mm，如图7-3-11所示。

5. 包带划料样板

在卡纸上复制出包带净样板。在净样板的基础上统一加放8mm，如图7-3-12所示。

6. 扣带划料样板

在卡纸上复制出扣带净样板。在净样板的基础上统一加放8mm，如图7-3-13所示。

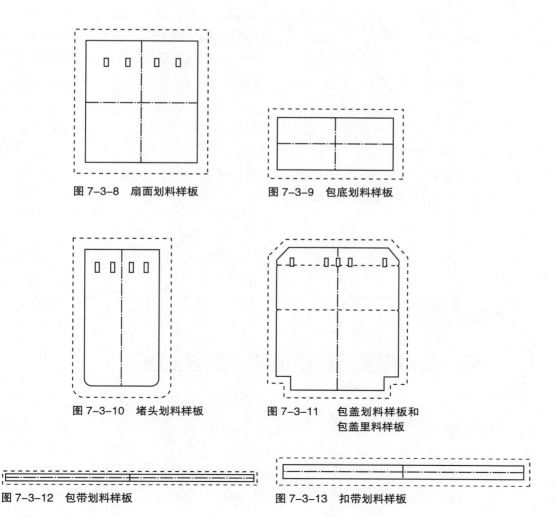

图 7-3-8　扇面划料样板　　　图 7-3-9　包底划料样板

图 7-3-10　堵头划料样板　　　图 7-3-11　包盖划料样板和
　　　　　　　　　　　　　　　　　　　　　包盖里料样板

图 7-3-12　包带划料样板　　　图 7-3-13　扣带划料样板

三、里料样板

①在卡纸上复制出扇面净样板，再在卡纸上复制堵头净样板和包底净样板，把三者组合为整体，得到一个长40cm、宽37cm的长方形。

②在长方形下部的左右两边各去掉一个边长为7cm的正方形。在外面一圈加放8mm加工量，如图7-3-14所示。

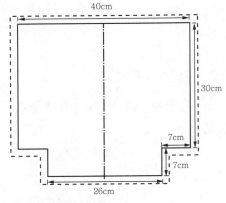

图 7-3-14 里料样板

✎ 课后练习

1. 结合市场流行趋势，并通过网络资讯和相关杂志等查询及分析，设计一款由前后扇面（幅面）和包底及两个堵头（横头）组成的休闲双肩包，绘制效果图。
2. 根据所设计的包体效果图，制作包体净样板、下料样板、托料样板、里料样板。
3. 总结由前后扇面（幅面）和包底及两个堵头（横头）组成的休闲双肩包包体样板制作要点。
4. 结合实际，优化由前后扇面（幅面）和包底及两个堵头（横头）组成的休闲双肩包包体的造型与功能部件。

第四节

前后扇面和底及堵头组成的小型包出格

小型包的结构设计是最重要的，因为它决定包的实用、耐用、舒适等很多方面的性能。包的功能并非越多越好，总体设计要简洁实用，切忌花俏。这种小型包使用比较随意，斜挎、背包、单肩为主，最适合外出逛街、郊游时使用。颜色丰富鲜艳，样式活泼，带给人清新的感觉。小型包款式新颖、样式可爱、面料不一，适合活泼、可爱、外向、开放的女生们进行使用。这类包包无论春夏秋冬都适合使用，而且无须再搭配任何挂饰进行装配，小型包自身就已足够可爱。

小型包在选面料方面通常需要考虑面料是否具有耐磨性、防撕裂性、防水性等特性。常用的面料有牛皮、羊皮、鳄鱼皮等，比较流行的有牛津布、尼龙布、帆布等。包体的装饰件包括肩带和胸带扣件、包盖和包体扣件、外挂带扣件各式拉链等金属扣件。

本节主要介绍了一款小坤包。这种小型包适合各种场所，深受女性的喜爱。包体尺寸长×宽×高为16.8cm×5cm×12cm，如图7-4-1。

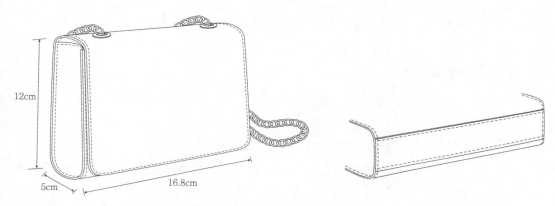

图 7-4-1　由前后扇面（幅面）和包底及两个堵头（横头）组成的小型包

一、包体净样板的制作

基础部件为堵头（横头），样板制作从基础部件即堵头（横头）开始。

1. 堵头净样板制作

①在卡纸上作一个梯形（堵头）。堵头上长7cm，下长5cm，高12cm。

②作距底边和左侧边各1cm的平行线，平行线相交找到圆心，以1cm为半径画出弧线。一般在弧线的中间做一个分割（可以打一个牙剪定位），使圆弧1/2在底部，1/2在侧面，如图7-4-2所示。同理，作出右侧弧线。

2. 包底净样板制作

在卡纸上作出一个长16.8cm、宽5cm的长方形，如图7-4-3所示。

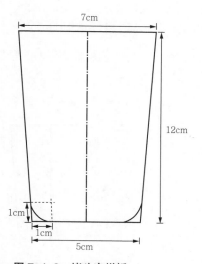

图 7-4-2　堵头净样板

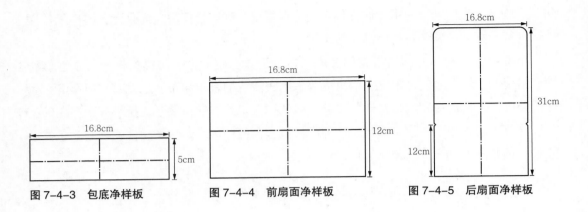

图 7-4-3　包底净样板　　　　图 7-4-4　前扇面净样板　　　　图 7-4-5　后扇面净样板

3. 前扇面净样板制作

在卡纸上作出一个长16.8cm、宽12cm的长方形，如图7-4-4所示。

4. 后扇面净样板制作

在卡纸上作出一个长16.8cm、宽31cm的长方形。上部两个角倒圆，采用堵头净样板中作弧线的方法，作出两个圆弧。从下往上量取12cm，打牙剪定位，如图7-4-5所示。

二、划料样板的制作

1. 堵头划料样板制作

在卡纸上复制出堵头净样板。以标准样板为基础，一圈加放8mm，如图7-4-6所示。

2. 包底划料样板制作

在卡纸上复制出包底净样板。在净样板的基础上周围一圈都加放8mm，如图7-4-7所示。

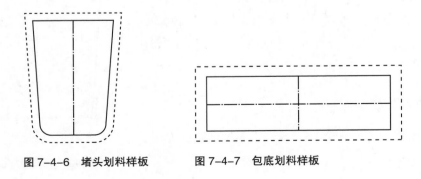

图 7-4-6　堵头划料样板　　　图 7-4-7　包底划料样板

3. 前扇面划料样板制作

在卡纸上复制出前扇面净样板。在前扇面净样板外面一圈加放8mm，如图7-4-8所示。

4. 后扇面划料样板制作

在卡纸上复制出后扇面净样板。在后扇面净样板外面一圈加放8mm，如图7-4-9所示。

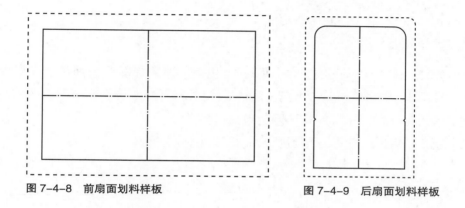

图 7-4-8　前扇面划料样板　　　　　　图 7-4-9　后扇面划料样板

三、托料样板的制作

1. 包底托料样板制作（底部托料可以用净样板表示）

可以直接用包底的净样板作为托料，在厚度上选稍微薄一点的硬质材料作为托料，作用是加强包底的硬度和定型性。作出一个长16.8cm、宽5cm的长方形，如图7-4-10所示。

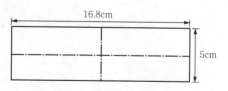

图 7-4-10　包底托料样板

2. 包盖托料样板制作（包盖前面一部分托料）

①复制出包盖净样板，取包盖前面一部分作为托料。

②作出一个长16.8cm、宽12cm的长方形。在左右两个下角通过平行线相交找到圆心并作出弧线，如图7-4-11所示。

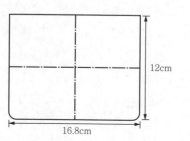

图 7-4-11　包盖托料样板

四、里样板的制作

1. 包体里样板制作

①在卡纸上作一条垂直对称轴，确定一个长方形。长方形的高为前扇面高度加上包底宽度，加上后扇面高度减去2.5cm，因为后扇面与包盖是一个整体，一般包盖里料要往包身延伸2.5cm，所以后扇面里料高度要减掉2.5cm。包口处加放8mm折边量，如图7-4-12所示为包的大身里料。

②再复制出堵头（横头）的净样板，并在净样板的上口加放折边量8mm。如图所示为7-4-13堵头（横头）里料样板。

2. 包盖里料样板

①在卡纸上作一条垂直对称轴，复制出包盖的净样板即后扇面包盖净样板（图7-4-6中牙剪以上的图形），由于包盖里料要往包身延伸2.5cm，所以包盖的里料样板下口要加长2.5cm，如图7-4-14所示为包盖里料样板。

②此包盖采用折边做法，因此周边加放8mm的折边量。

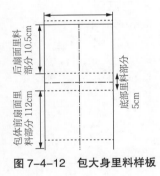

图 7-4-12 包大身里料样板

图 7-4-13 堵头里料样板

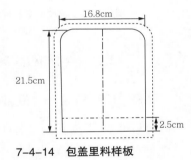

7-4-14 包盖里料样板

📝 **课后练习**

1. 结合市场流行趋势，并通过网络资讯和相关杂志等查询及分析，设计一款由前后扇面（幅面）和包底及两个堵头（横头）组成的小型包，绘制效果图。

2. 根据所设计的包体效果图，制作包体净样板、下料样板、托料样板、里料样板。

3. 总结由前后扇面（幅面）和包底及两个堵头（横头）组成的小型包包体样板制作要点。

4. 结合实际，优化由前后扇面（幅面）和包底及两个堵头（横头）组成的小型包包体的造型与功能部件。

第八章

前后扇面和包底组成的包体出格

🖊 **本章提要**

　　本章主要讲授由前后扇面（幅面）和长方形包底组成的女包样板制作；由前后扇面（幅面）和包底成三角形的女包样板制作；由前后扇面（幅面）和椭圆形包底组成的女包样板制作；由前后扇面（幅面）和包底组成的小型包样板制作。

🖊 **学习目标**

1. 认识和理解由前后扇面（幅面）和包底组成的包体结构特征。
2. 理解和熟悉由前后扇面（幅面）和包底组成的包体样板制作的原则和要求。
3. 掌握由前后扇面（幅面）和包底组成的包体样板设计，并具有一定的包体部件造型变化能力。

　　由前后扇面（幅面）和包底组成的这种包体在女包中运用较多，软硬结构的皮具都可以使用。

　　基础部件为包底板，即包底板的形状、尺寸决定扇面的形状和尺寸。通常包底板的形状有以下四种：四角略圆的长方形包底板、椭圆形包底板、圆形包底板、两头弯入包体侧部的包底板。

　　本章主要讲述的是手提包和化妆包。

　　手提包可分为波士顿包、机车包、牛皮抽绳水桶包、贝壳包、饺子包、枕头包、托特包、新月包、玳瑁包、果冻包、编织包等。

　　化妆包可分为多功能型专业化妆包、旅游用简约型化妆包和家用小化妆包。化妆包的材质有尼龙布、棉布、PVC、PU等。

第一节

前后扇面和长方形包底组成的女包出格

目前，从市场动态来看手提包已成为流行时尚的一大主流，时尚美女们把它看成是提高自己品位的象征。时尚已成为消费者选择手提包主要考虑因素，只要有女孩的地方就会有手提包。手提包让女孩流行前卫，成为时尚。

本节中这款女士手提包采用手提、单肩式，拉链封口，其内部结构有一个拉链暗袋、一个手机袋、一个证件袋，材料可有多种选择，油蜡牛皮显得最为高档。如图8-1-1所示，包体尺寸长×宽×高为34cm×14cm×23.5cm，手提高9cm。

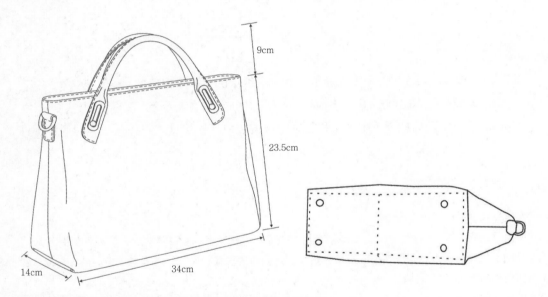

图 8-1-1　由前后扇面（幅面）和长方形包底组成的女包包体

一、包体净样板的制作

该款包基础部件为包底，样板制作从基础部件即包底开始。

1. 包底净样板

在卡纸上裁剪出一个34cm×14cm的长方形，如图8-1-2所示。

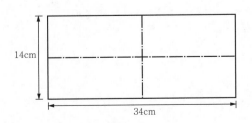

图 8-1-2　包底净样板

2. 前（后）扇面净样板

该包体采用的是前后扇面与包底组合的女包样板，前后扇面采用翻缝的工艺。

①先裁剪出一个上宽32cm、下宽41cm、高23.5cm的梯形。

②在扇面中心线两侧底部量取17cm处打上牙剪，使得在缝制时更准确地对齐包底样板，如图8-1-3所示。

③在扇面上部打上几个冲孔，代表提手的放置位置（根据自己调整的手提高度来冲孔），其作用是为了对齐前后扇面手提高度。

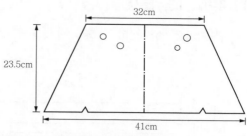

图 8-1-3　前（后）扇面净样板

3. 上口沿条净样板

在卡纸上裁剪出一条46cm×3.5cm的长方形，作为上沿条净样板，如图8-1-4所示。

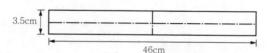

图 8-1-4　上口沿条净样板

4. 上口拉链条净样板

与上沿条组合的就是上口拉链条。该上口拉链条为一个29cm×3.5cm的长方形，如图8-1-5所示。

图 8-1-5　上口拉链条净样板

5. 提手净样板

该手提样板两边宽中间细，最宽处9cm，全长50cm，中间最窄处4cm。用四面对称法绘图，如图8-1-6所示。提手的造型多样，也可根据流行款式调整形状。

图 8-1-6　手提净样板

6. 挖兜槽净样板

①该包有一个拉链条暗袋，其挖兜槽是一个中间镂空的长方形，长26cm，宽4.2cm。

②挖兜距离周边和挖兜槽宽都是1.4cm（一般的挖兜槽，中间镂空都是1.4cm的宽度，作用是留出可供拉链头流畅拉动的宽度，一般拉链头的宽度为1cm左右），如图8-1-7所示。

7. 包带耳仔净样板

在卡纸上裁剪出一个7cm×3cm的长方形，作为包带耳仔净样板，如图8-1-8所示。

8. 拉链暗袋净样板

拉链暗袋基本上都是采用上下背面分别对齐挖兜槽背面合缝的工艺。

裁剪出一个26cm×22cm的长方形，作为拉链暗袋净样板。如图8-1-9所示。

9. 手机、证件暗袋净样板

裁剪出一个28cm×20cm的长方形，作为手机、证件暗袋净样板，如图8-1-10所示。

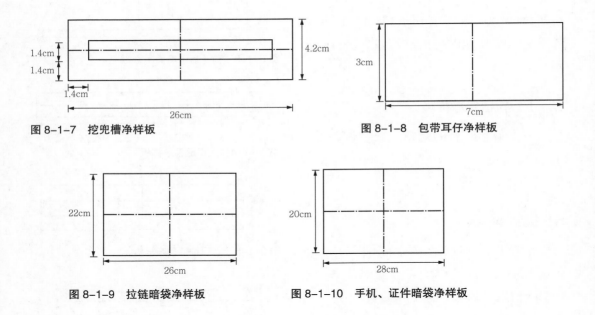

图 8-1-7　挖兜槽净样板　　　　　　　　　　图 8-1-8　包带耳仔净样板

图 8-1-9　拉链暗袋净样板　　　　　　图 8-1-10　手机、证件暗袋净样板

二、包体下料样板的制作

1. 包底下料样板

在卡纸上复制出包底净样板。并在其外圈加放8mm合缝量，如图8-1-11所示。

2. 前（后）扇面下料样板

在卡纸上复制出前（后）扇面净样板。在其两侧放8mm翻缝量，上下加放8mm合缝量，如图8-1-12所示。

图 8-1-11　包底下料样板

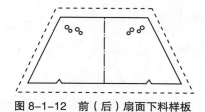

图 8-1-12　前（后）扇面下料样板

3. 上口沿条下料样板

在卡纸上复制出上沿条净样板。并在其上部放8mm折边量，下圈加放8mm合缝量，如图8-1-13所示。

4. 上口拉链条下料样板

在卡纸上复制出上部拉链条净样板。并在其上部放8mm折边量，下圈加放8mm合缝量，如图8-1-14所示。

5. 提手下料样板

在卡纸上复制出提手净样板。并在其外圈加放5mm折边量，如图8-1-15所示。

6. 手机、证件暗袋下料样板

在卡纸上复制出手机、证件暗袋净样板。在其两侧与下侧加放8mm合缝量，如图8-1-16所示。

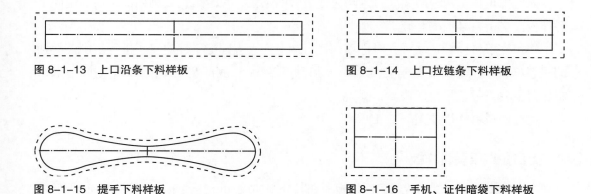

图 8-1-13　上口沿条下料样板

图 8-1-14　上口拉链条下料样板

图 8-1-15　提手下料样板

图 8-1-16　手机、证件暗袋下料样板

三、托料样板的制作

1. 底部托料样板

在卡纸上作出34cm×14cm的长方形，得出底的托料样板，如图8-1-17所示。托料样板的裁料样板为包底的净样板，可以直接用包底的净样板作为托料，在厚度上选稍微薄一点的硬质材料作为托料，作用是加强包底的硬度和定型性。

2. 扇面托料样板

在卡纸上画出扇面净样板，净样板上口边不变，可以在厚度上选稍微薄一点的硬质材料作为托料，作用是加强扇面的硬度和定型性。

将其他三边向内缩2mm，托料样板的裁料样板为虚线内样板，如图8-1-18所示。

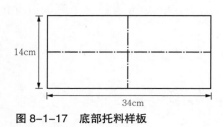

图 8-1-17 底部托料样板

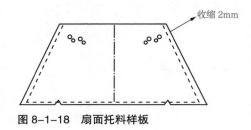

图 8-1-18 扇面托料样板

四、里料样板的制作

1. 大扇面里料样板

该包体里料采用前后扇面合缝与包底合缝的工艺，在卡纸上复制出前（后）扇面下料样板。在下料样板的基础上缩小0.2～0.3cm。

将包底下料样板一端对齐对称轴，另一端对齐大扇面的下部边缘，进行复制。得到的里料样板包括底部，且需要挖去长度和宽度各为1/2底部宽度（7.8cm）的四边形，制作时里料需下裁里料两块。

大扇面里料样板如图8-1-19所示。

2. 上口拉链条里料样板

在卡纸上复制出上口拉链条净样板。在其外圈加放8mm压茬量，如图8-1-20所示。

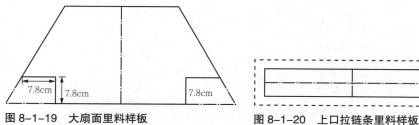

图 8-1-19　大扇面里料样板

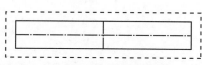

图 8-1-20　上口拉链条里料样板

✎ 课后练习

1. 结合市场流行趋势，并通过网络资讯和相关杂志等查询及分析，设计一款由前后扇面（幅面）和长方形包底组成的女包，绘制效果图。
2. 根据所设计的包体效果图，制作包体净样板、下料样板、托料样板、里料样板。
3. 总结由前后扇面（幅面）和长方形包底组成的女包包体样板制作要点。
4. 结合实际，优化由前后扇面（幅面）和长方形包底组成的女包包体的造型与功能部件。
5. 思考由前后扇面（幅面）和长方形包底组成的女包扇面上部打冲孔的作用是什么。

第二节

前后扇面和包底成三角形的女包出格

此款包不一样的包底设计，增加了该款女包的设计感，材料的选择使得此包袋适合各个年龄层，如大红色等比较适合青年女性，浅色系的青少年也能驾驭。该包袋偏休闲风。此款女包由前后扇面（幅面）和包底组成，采用手提式。包体尺寸长×宽×高为37cm×14.5cm×30cm；上宽50cm，手把长45cm，高10cm，如图8-2-1所示。

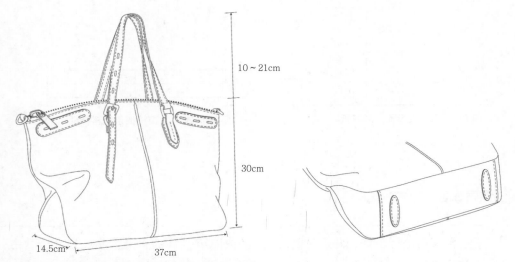

图 8-2-1　由前后扇面（幅面）和包底组成的女包包体

一、包体净样板的制作

该款包基础部件为包底，样板制作从基础部件即包底开始。

1. 大底净样板

该包虽为前后扇面与包底组成，但多了一个包侧，则大底与包侧和前后扇面搭接。

在卡纸上裁剪出一个37cm×14.5cm的长方形，作为大底净样板，如图8-2-2所示。

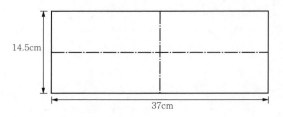

图 8-2-2　大底净样板

2. 扇面净样板

作出一个上宽65cm、下宽52cm、高30cm的梯形，作为扇面净样板，其中打牙剪的位置为扇面的正面与侧面的转折点，如图8-2-3所示。

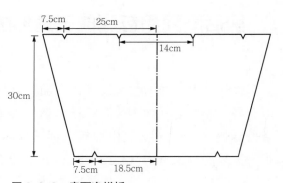

图 8-2-3　扇面净样板

3. 包侧净样板

该包侧上半部分前后扇面翻缝，下半部分包侧分别与前后扇面翻缝。

该包侧面是一个略圆的三角形，其底边长15cm，高9.5cm。先画出一个三角形，然后进行对称倒圆并修顺线条。

如图8-2-4所示即为包侧净样板。

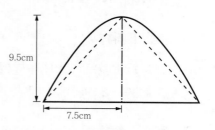

图8-2-4 包侧净样板

4. 包带净样板

该包体的包带长度属于调节式，所以可以根据背包者的所需长度选择打孔的数量与位置。

参考数据：45cm×3cm，两边根据造型需要再作出等腰三角形（高为2.5cm）。如图8-2-5所示。

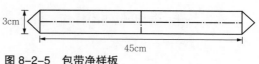

图8-2-5 包带净样板

5. 包带耳仔净样板

裁剪出一个10cm×3.5cm的长方形，作为该包体包带与前后扇面连接，加强固定的包带耳仔，如图8-2-6所示。

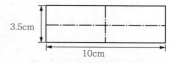

图8-2-6 包带耳仔净样板

6. 上沿条净样板

裁剪出一条65cm×4cm的长方形，作为上沿条净样板，如图8-2-7所示。

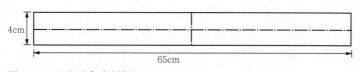

图8-2-7 上沿条净样板

7. 上口拉链条净样板

与上沿条组合的就是上口拉链条。该上口拉链条为一个42cm×2cm的长方形，如图8-2-8所示。

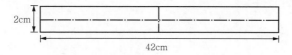

图8-2-8 上口拉链条净样板

二、包体下料样板的制作

1. 包底下料样板

在卡纸上复制出大底净样板。并在其外圈加放8mm翻缝量，如图8-2-9所示。

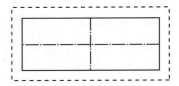

图8-2-9　包底下料样板

2. 扇面下料样板

在卡纸上复制出扇面净样板。并在其外圈加放8mm翻缝量，如图8-2-10所示。

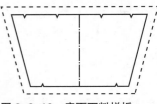

图8-2-10　扇面下料样板

3. 包侧下料样板

在卡纸上复制出包侧净样板。并在其外圈加放8mm翻缝量，如图8-2-11所示。

4. 包带耳仔下料样板

在卡纸上复制出包带耳仔净样板。在其上下加放5mm折边量，两侧加放8mm压茬量，如图8-2-12所示。

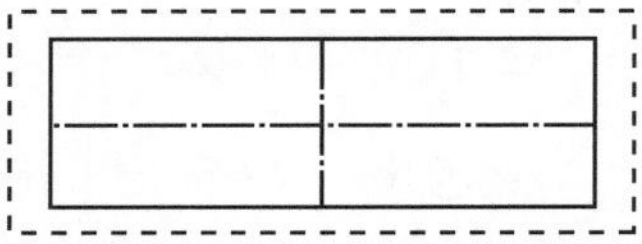

图8-2-11　包侧下料样板

5. 上口沿条下料样板

在卡纸上复制出上沿条净样板。并在其上部加放8mm折边量，下圈加放8mm合缝量，如图8-2-13所示。

6. 上口拉链条下料样板

在卡纸上复制出上部拉链条净样板。在其上部加放8mm折边量，下圈加放8mm合缝量，如图8-2-14所示。

图8-2-12　包带耳仔下料样板

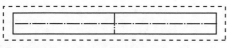

图8-2-13　上沿条下料样板

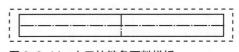

图8-2-14　上口拉链条下料样板

三、托料样板的制作

1. 底部托料样板

在卡纸上画出底部净样板，在厚度上选稍微薄一点的硬质材料作为托料，作用是加强包底的硬度和定型性。

　　净样板向内收缩2mm，得出底的托料样板，托料样板的裁料样板为虚线内样板，如图8-2-15所示。

2. 扇面托料样板

　　在卡纸上画出扇面净样板，在厚度上选稍微薄一点的硬质材料作为托料，作用是加强扇面的硬度和定型性。

　　净样板上口边不变，其他三边向内收缩2mm，得出底的托料样板，托料样板的裁料样板为虚线内样板，如图8-2-16所示。

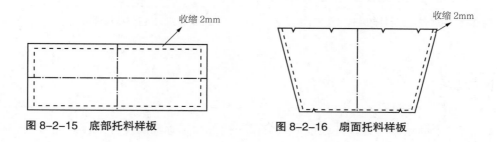

图 8-2-15　底部托料样板　　　　　图 8-2-16　扇面托料样板

四、里料样板的制作

1. 扇面里料样板

　　在卡纸上复制出扇面净样板，并减去上口沿条净样板的量。然后在外圈加放8mm合缝量，如图8-2-17所示。

2. 包底里料样板

　　在卡纸上复制出包底净样板。在外圈加放8mm合缝量，如图8-2-18所示。

3. 包带里料样板

　　在卡纸上复制出包带净样板。在外圈加放8mm冲里量，如图8-2-19所示。

4. 包侧里料样板

　　在卡纸上复制出包侧净样板。在外圈加放8mm合缝量，如图8-2-20所示。

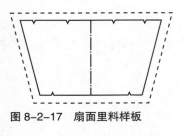

图 8-2-17　扇面里料样板

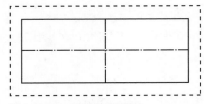

图 8-2-18　包底里料样板

图 8-2-19　包带里料样板

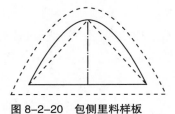

图 8-2-20　包侧里料样板

✎ 课后练习

1. 结合市场流行趋势，并通过网络资讯和相关杂志等查询及分析，设计一款前后扇面（幅面）和包底成三角形的女包，绘制效果图。
2. 根据所设计的包体效果图，制作包体净样板、下料样板、托料样板、里料样板。
3. 总结由前后扇面（幅面）和包底成三角形的女包包体样板制作要点。
4. 结合实际优化由前后扇面（幅面）和包底成三角形的女包包体的造型与功能部件。
5. 思考在由前后扇面（幅面）和包底成三角形的女包扇面上部打牙剪的作用是什么。

第三节

前后扇面和椭圆形底组成的女包出格

自从1932年LV推出的第一款水桶包NOE，这个身材圆润又不失俏皮的设计就成为包袋的经典，在排行榜上一直名列前茅。即使潮流忽明忽暗，变幻不定，水桶包依旧魅力不减，占据一席重要的地位。Lancel是著称的法国品牌，水桶包最坚定的持续者，每季必定雷打不动以水桶造型作为主打产品，因为他的坚持和执着，Lancel甚至已经超越LV成为水桶包迷的第一选择。设计师洞悉女人们对美观和实用的兼顾，更加大肆推行水桶包，几乎每个品牌都推出几款水桶包。经典的造型加上流苏、铆钉、印花等各种元素，让它更具时尚气质，

本节中的这款包包属于水桶包中的经典款，偏休闲风。相对简约的图形为这款水桶包增添了几分不一样色彩。该款学生包由前后扇面（幅面）和椭圆形包底组成的包体结构，采用单肩背式，内部加一挖兜设计，增加了包包的分类性和安全性。包体尺寸长×宽×高为28cm×17cm×33cm，手把长50cm，如图8-3-1所示。

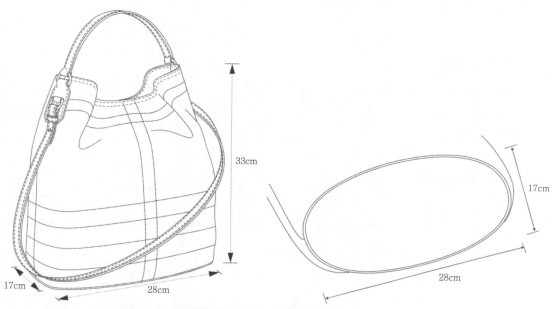

图 8-3-1 由前后扇面（幅面）和椭圆形包底组成的女包包体

一、包体净样板的制作

该款包基础部件为包底，样板制作从基础部件即包底开始。

1. 底部净样板

该包体底部是一个椭圆形的样板，裁剪出一个28cm×17cm的长方形，取长方形1/4部位进行倒圆，再通过纵向和横向对称轴对其他部分依次进行倒圆，并修顺形成一个椭圆形，作为该包体底部净样板，如图8-3-2所示。

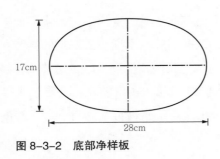

图 8-3-2　底部净样板

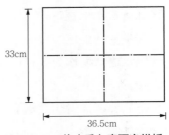

图 8-3-3　前（后）扇面净样板

2. 前（后）扇面净样板

该包体前后扇面为同一个样板，裁剪出一个36.5cm×33cm的长方形（该样板长度等于该包体底部净样板的1/2周长），作为该包体前（后）扇面净样板，如图8-3-3所示。

3. 手把净样板

裁剪出一个50cm×3cm的长方形作为该手把净样板。如图8-3-4所示。

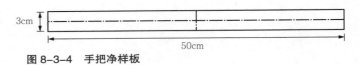

图 8-3-4　手把净样板

4. 挖兜槽净样板

该包有一个拉链条暗袋，挖兜槽是一个中间镂空的长方形，长39cm，宽4.2cm，挖兜宽1.4cm，挖兜距离周边1.4cm，如图8-3-5所示。

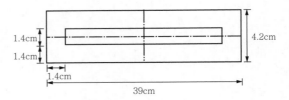

图 8-3-5　挖兜槽净样板

5. 拉链条暗袋净样板

该包体有一个挖兜的设计，根据挖兜槽的数据，裁剪出一个32cm×50cm的长方形，作为该包体拉链条暗袋净样板，如图8-3-6所示。

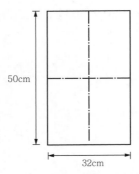

图 8-3-6　拉链条暗袋净样板

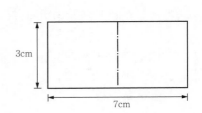

图 8-3-7　包带耳仔净样板

6. 包带耳仔净样板

裁剪出一个7cm×3cm的长方形，作为该包体包带耳仔净样板。如图8-3-7所示。

二、包体下料样板的制作

1. 底部下料样板

在卡纸上复制出底部净样板。在其外圈加放8mm翻缝量，如图8-3-8所示。

2. 前（后）扇面下料样板

在卡纸上复制出前（后）扇面净样板。在其外圈加放8mm翻缝量，上沿为与上口拉链8mm合缝量，如图8-3-9所示。

3. 包带耳仔下料样板

在卡纸上复制出包带耳仔净样板。在两侧加放8mm合缝量，缝制时空出1cm，D字扣放入后再缝制。如图8-3-10所示。

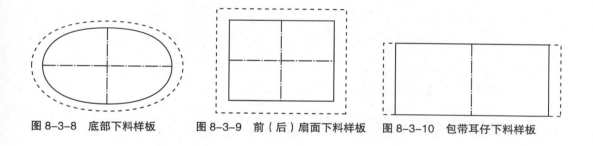

图 8-3-8　底部下料样板　　　　图 8-3-9　前（后）扇面下料样板　　　图 8-3-10　包带耳仔下料样板

三、托料样板的制作

1. 底部托料样板

在卡纸上复制出底部净样板，如图8-3-11所示。可以直接用包底的净样板作为托料，在厚度上选稍微薄一点的硬质材料作为托料，作用是加强包底的硬度和定型性。

2. 大扇面托料样板

①裁剪出一个47cm×23cm的长方形样板，为前（后）扇面的净样板。

②净样板上口边不变，其他三边向内收缩2mm，得出扇面的托料样板，如图8-3-12所示。

③托料样板的裁料样板为虚线内样板，作为大扇面托料样板，托料样板高度比扇面样板少10cm，使托料样板能固定该包体且不影响其形状。在厚度上选稍微薄一点的硬质材料作为托料，作用是加强包底的硬度和定型性。

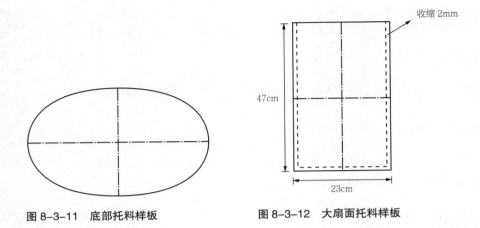

图 8-3-11 底部托料样板　　图 8-3-12 大扇面托料样板

四、里料样板的制作

1. 前扇面里料样板

①前后扇面为翻缝工艺，则前扇面长为前扇面净样板长度加上1/2包体宽（长45cm）；高不变，为前扇面净样板的高度；而底部长为前扇面长减去包体宽的一半（长28cm），底部高为8.5cm。

②整圈向外加放4mm翻缝量，如图8-3-13所示。

2. 后扇面里料样板

后扇面里料样板与前扇面里料样板一样，只是多了一个挖兜槽。

在上沿向下量取3cm处复制出挖兜槽净样板，作为后扇面里料净样板。如图8-3-14所示。

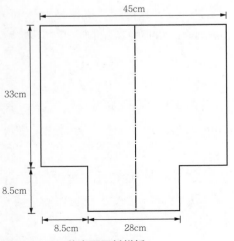

图 8-3-13 前扇面里料样板

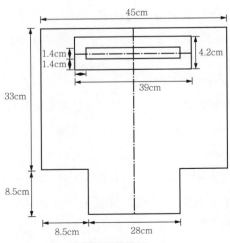

图 8-3-14 后扇面里料样板

3. 拉链条暗袋里料样板

根据拉链条暗袋的工艺制作流程，在卡纸上复制出拉链条暗袋净样板。

在其外圈加出8mm合缝量，如图8-3-15所示。

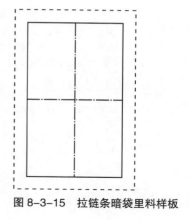

图 8-3-15　拉链条暗袋里料样板

✏️ 课后练习

1. 结合市场流行趋势，并通过网络资讯和相关杂志等查询及分析，设计一款由前后扇面（幅面）和椭圆形包底组成的女包，绘制效果图。
2. 根据所设计的包体效果图，制作包体净样板、下料样板、托料样板、里料样板。
3. 总结由前后扇面（幅面）和椭圆形包底组成的女包包体样板制作要点。
4. 结合实际优化由前后扇面（幅面）和椭圆形包底组成的女包包体的造型与功能部件。
5. 思考如何确定手把及条带的位置。

第四节

前后扇面和底组成的小型包出格

化妆包的用途在于外出时方便补妆，带上一些用来补妆的化妆品，这样包包不会太重，而且也足够所需了，可分为专业型化妆包、旅游用简约型化妆包和家用小化妆包。

专业型化妆包，功能多，有多个分格和储物袋，主要是专业的化妆师使用。

旅游型化妆包，通常方便携带，分格少，但是功能齐全，可以放置常用的化妆品和梳妆用品。

家用小化妆包，款式和种类千变万化。花色和质量也参差不齐，更多的小化妆包是化妆品公司的促销品，在购买化妆品时的赠送品。

化妆包的材质有尼龙布、棉布、PVC，等等。

本节介绍一款小型化妆包，采用手拿的方式，开关方式为拉链式，材料可有多种选择，建议选取棉布、真皮、帆布等，成品上口长为23cm，下底长为15cm，包体尺寸长×宽×高为23cm×8cm×19cm，如图8-4-1所示。

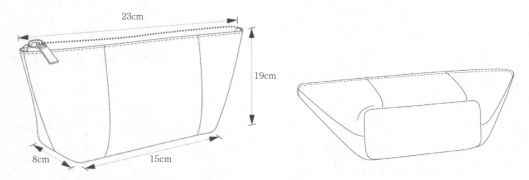

图 8-4-1　由前后扇面（幅面）和包底组成的小型包包体

一、包体净样板的制作

此款包基础部件为包底，样板制作从基础部件即包底开始。

1. 包底净样板

裁剪出一块15cm×8cm的长方形。

在15cm的一个边长上，对称打上两个牙剪，两个牙剪之间的距离为9cm，此牙剪代表前扇面中间断开处与包底的接合处，如图8-4-2所示。

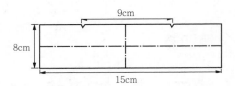

图 8-4-2　包底净样板

2. 后扇面净样板

①先裁剪出一块23cm×20cm的长方形，包体的上长23cm，高19.8cm，下长24.6cm，得到一个上大下小的梯形。

②在梯形下边的左右两侧各减去一个长4.8cm、宽0.8cm的四边形。如图8-4-3所示。

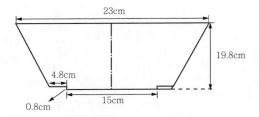

图 8-4-3　后扇面净样板

3. 前扇面净样板

此款包包前后扇面没有变化，因此后扇面的样板同样适合前扇面，两者可以合为一个样板。

4. 拉链净样板

裁剪出一块长25cm的拉链（拉链的宽度由拉链本身决定，此纸格只决定拉链的长度），拉链的长度要比前、后扇面的长度两边各长1cm，便于工艺制作时的缝制。如图8-4-4所示。

3.4cm

25cm

图 8-4-4　拉链净样板

二、包体下料样板的制作

1. 前扇面下料样板

在白卡纸上复制出后扇面净样板。在其外圈加放8mm的合缝量，如图8-4-5所示。

2. 包底下料样板

在白卡纸上复制出包底净样板。在其外圈加放8mm的合缝量，如图8-4-6所示。

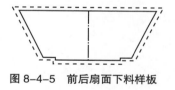

图 8-4-5　前后扇面下料样板

图 8-4-6　包底下料样板

三、托料样板的制作

1. 前后扇面托料样板

在卡纸上复制出后扇面净样板。净样板上口边不变，其他边向内收缩2mm，得出前后扇面的托料样板，托料样板的裁料样板为虚线内样板，如图8-4-7所示。托料在厚度上选稍微薄一点的硬质材料作为托料，作用是加强包底的硬度和定型性。

2. 包底托料样板

在卡纸上复制出后扇面净样板。净样板上下边不变，其他两侧边向内收缩2mm，得出包底的托料样板，托料样板的裁料样板为虚线内样板，如图8-4-8所示。

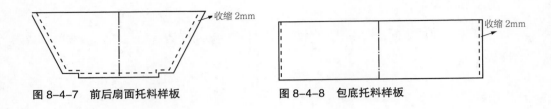

图 8-4-7　前后扇面托料样板　　　　　　图 8-4-8　包底托料样板

✎ 课后练习

1. 结合市场流行趋势，并通过网络资讯和相关杂志等查询及分析，设计一款由前、后扇面（幅面）和包底组成的小型包，绘制效果图。
2. 根据所设计的包体效果图，制作包体净样板、下料样板、托料样板、里料样板。
3. 总结由前后扇面（幅面）和包底组成的小型包包体样板制作要点。
4. 结合实际，优化由前后扇面（幅面）和包底组成的小型包包体的造型与功能部件。
5. 思考包底样板上打牙剪的作用。

第九章

整块大扇组成的包体出格

本章提要

本章主要讲授由整块大扇（大面）组成的包体样板制作：由整块大扇（大面）组成的男士钱包样板制作；由整块大扇（大面）组成的女包样板制作；由整块大扇（大面）组成的小型包样板制作；由整块大扇（大面）组成的笔袋样板制作。

学习目标

1. 认识和理解整块大扇（大面）组成的包体结构特征。
2. 理解和熟悉整块大扇（大面）组成的包体样板制作的原则和要求。
3. 掌握整块大扇（大面）组成的包体样板设计，并具有一定的包体部件造型变化能力。

在六大结构的包体中，由整块大扇（大面）组成的包体也较为常见。这种包体结构特点是造型简洁、大方，整个包体由一个部件构成，包体样板制作没有其他结构的包体复杂，包体样板数量较少，相应的样板制作难度上也有所减少。这种包体在设计中尤其要注意样板的精细程度，如设计到需要弯折的地方需用细实线标识出，如包底处、侧面处位置。

由整块大扇（大面）组成的包体根据使用对象和功能，常见的分类主要有男式钱包、手拿包、手提包等；女士的小型手提包、手抓包、斜挎包、钱夹；男女士生活中常用的小型零钱包和学生用笔袋等。

这种结构的包体因为款式的特点常用的材质主要有PU革、帆布、棉布、麻布、牛仔布、牛津布等。也会根据特殊要求选用一些高档皮革，如牛皮、羊皮、鳄鱼皮、蛇皮、猪皮等。

第一节

整块大扇组成的男式钱包出格

各式钱包是由整块大扇（大面）组成的包体中的典型款式。

男士钱包在颜色的选择上没有女士钱包多，一般主要为黑色、白色、灰色、棕色、藏青色等。在材料的选用上，一般使用牛皮、猪皮、PU革，男士钱包很少选择像牛津布、帆布这样的布料。

男士钱包如图9-1-1所示，图9-1-2所示为整体样板平面图。本款钱包的基础部件为整块大扇，还有卡兜、贴兜。包体长20cm，宽19cm。在制作样板过程中要注意样板的对称性，样板线条的流畅性。

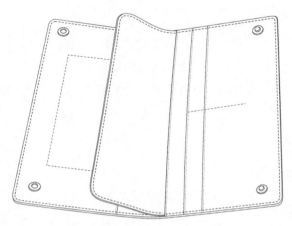

图9-1-1　男士钱包

此款男士钱包由整块大扇组成的，基础部件为大扇，样板制作需先制作扇面。

1. 钱包整体净样板

整体净样板长20cm，宽19cm，两个牙剪距离4cm，牙剪与距边8cm。具体制作步骤如下：

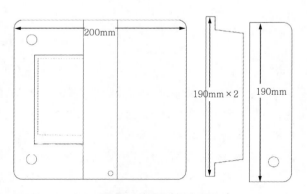

图9-1-2　男士钱包的包体整体样板平面图

①在白卡纸上画出十字对称轴。

②利用十字对称轴作出一个长方形（长×宽为20cm×19cm）。

③将四个角根据实际男士钱包的款式进行倒圆处理。

④利用十字对称轴，确定公母扣的位置：距边为2cm处分别作边的平行线，交点即为公母扣的位置，如图9-1-3所示。

⑤利用十字对称轴，确定钱包开关折合距离与位置：距离垂直对称轴2cm处在上、下边线各取一点（如图中所示，开并折合距离为4cm），确定位置后打牙剪。

⑥确定鸡眼的位置：在垂直对称轴右侧下方，距离对称轴、底边各1cm作对称轴和底边的平行线，两线交点即为鸡眼的位置。

2．卡片兜净样板制作

整体净样板长20cm，宽19cm；卡片兜长10.6cm，宽8cm。

①复制包体净样板。

②在左侧确定卡片兜位置：在垂直对称轴上，从中心O点向两边各取5.3cm，在水平对称轴上从中心O点向左侧取8cm，即卡片兜的长为10.6cm、宽为8cm。将左侧边角倒圆，即虚线位置为卡片兜。

如图9-1-4所示为卡片兜净样板。

3．左侧贴兜净样板制作

①在白长纸上作出一个长方形，此长方形的长×宽等于19cm×8cm（左侧贴兜长19cm，宽8cm）。并将右侧的边角进行倒圆处理。

②确定公母扣位置：距离两边2cm处分别作边的平行线，平行线的交点即是（两侧均需要确定），如图9-1-5所示。

4．顶层卡兜净样板

①在白卡纸上，作出一个长方形，此长方形的长×宽等于19cm×4cm。并将右侧的边角进行倒圆处理。

②同上确定公母扣位置，如图9-1-6所示。

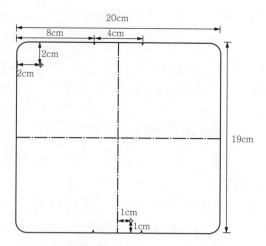

图 9-1-3　整体净样板

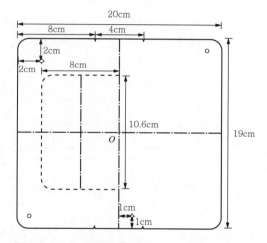

图 9-1-4　卡片兜净样板

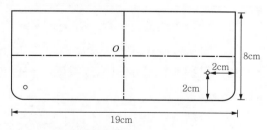

图 9-1-5　左侧贴兜净样板

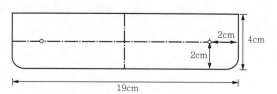

图 9-1-6　顶层卡兜净样板

5. 第二、三层卡兜净样板制作

①在白卡纸上作出一个长方形，此长方形长×宽等于19cm×4cm。

②将长方形两侧下方各去除一个梯形（梯形的上长为1cm，下长为2cm，高为3cm），制作两块相同的卡兜净样板，如图9-1-7所示。

6. 底层兜净样板制作

①在白卡纸作出一个长方形，此长方形长×宽为19cm×14.7cm。将四个角进行倒圆处理。

②距右侧边8cm处上、下各打牙剪。

③在样板右侧上下各确定一个公母扣的位置（公母扣位置确定方法同前），如图9-1-8所示。

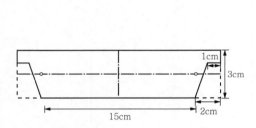

图 9-1-7　第二、三层卡兜净样板

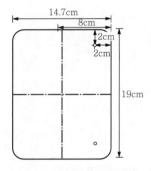

图 9-1-8　底层兜净样板

✎ 课后练习

1. 结合市场流行趋势，并通过网络资讯和相关杂志等查询及分析，设计一款由整块大扇（大面）组成的男士钱包，绘制效果图。
2. 根据所设计的包体效果图，制作包体净样板、下料样板、托料样板、里料样板。
3. 总结由整块大扇（大面）组成的男士钱包包体样板制作要点。
4. 结合实际，优化由整块大扇（大面）组成的男士钱包包体的造型与功能部件。
5. 思考男士钱包在制作包体净样板打牙剪的作用。

第二节

整块大扇组成的女包出格

由整块大扇组成的女包款式多种多样，主要有手提包、手拿包、单肩包、斜挎包、背包等。女包的主要材质为天然皮革、合成革、人造革、帆布、棉布、麻布、牛仔布、牛津布等，不同材料的女包用途和使用场合也有所不同。

本节主要介绍典型款——贝壳包。贝壳包因为其外形酷似贝壳而得名。贝壳的这一元素时尚而且俏皮，温润的曲线，光泽的表面，看似脆弱却能经历磨难将沙砾孕育成珍珠，贝壳的特点恰恰符合女性，基于这样的设计灵感，融合现代简洁风格，这款手袋就此诞生了。

图9-2-1　贝壳包

贝壳包的制作方法也很多，外部较为简洁。内部结构设计有贴兜、中隔、卡袋、手机袋等。包体包带设计不同，有单肩、斜挎等。如图9-2-1所示为贝壳包。

包体尺寸长×宽×高为25cm×12cm×19cm，手提高8cm，肩带长约108cm。

一、包体净样板的制作

此款包由整块大扇组成，基础部件为大扇，样板制作只需制作扇面即可。样板制作时注意线条的流畅性和样板的精准性。

1. 扇面净样板

大扇由两个上下相同的类似贝壳的形状组成，所以先利用十字对称轴作出大扇上部。

（1）在白卡纸上画出十字对称轴。

（2）从O点向上量6cm，以6cm为宽、25cm为长，作出一个长方形。

（3）从长方形的A点作水平延长线，以水平线为基准，向上量取大约15°的角，从A开始作斜线且斜长AB为6cm，如图9-2-2所示。

（4）过*B*点作*AB*的垂线，在垂线上取*BC*为5cm。

（5）过*C*点作*BC*的垂线，在垂线上取*CD*为6.4mm（6.4mm是为了安装拉链，给拉链留出来的12.8mm。由于此款包的尺寸较小，拉链留出来宽度也要相对缩小）。

（6）从*O*点再向上量取25cm，作25cm×25cm的正方形，弧线连接*E*、*D*。或者用圆规（辅助画弧）等工具将贝壳形状画出。

（7）确定耳仔的位置：距离正方形上边缘*E*点向下3.5cm，在对称轴两侧确定耳仔的位置，两个耳仔之间的距离为14cm。

（8）依据大扇上部样板，复制出下部样板。

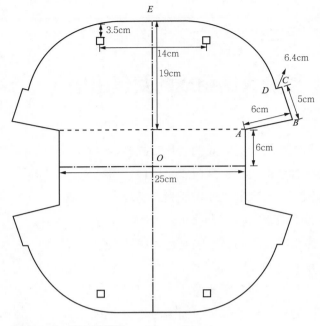

图9-2-2　扇面净样板

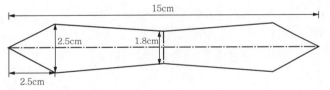

图9-2-3　耳仔净样板图

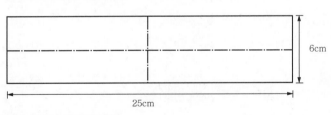

图9-2-4　底托净样板

2. 耳仔净样板

①在白卡纸上作出十字对称轴。

②在垂直轴上取1.8cm为耳仔最窄处宽度，在水平轴上取净样板长度15cm。

③耳仔两端的三角形底边长2.5cm，高2.5cm，如图9-2-3所示。

3. 底托净样板

在白卡纸上作出一个25cm×6cm的长方形，如图9-2-4所示。

4. 挖兜净样板

①在白卡纸上作出一个长方形（长×宽为16cm×4.2cm）。

②距边1.4cm，在长方形里面画出一个小长方形（长×宽为13.2cm×1.4cm）。

③挖去小长方形，剩下的部分即为挖兜净样板，如图9-2-5所示，可以与下料样板共用。

5. 里兜净样板

在白卡纸上作出一个长方形（长×宽为16cm×21cm），即为里兜净样板，如图9-2-6所示，可以与下料样板共用。

6. 手把净样板

在白卡纸上画出十字对称轴。利用对称轴作出一个长方形（长×宽为56cm×6cm），可以与下料样板共用。依据辅件装饰件的尺寸来确定手把的宽度，不规则形状自行设计美观即可，如图9-2-7所示，为整块大扇组成的女包包体的手把净样板。

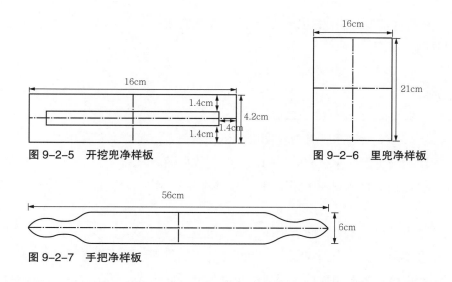

图9-2-5　开挖兜净样板　　　　　图9-2-6　里兜净样板

图9-2-7　手把净样板

二、包体下料样板的制作

在卡纸上复制出扇面净样板。在其外圈加放8mm折边量，如图9-2-8所示。

三、托料样板的制作

复制扇面的净样板。在此样板基础上整体轮廓缩小一圈，收缩2mm。

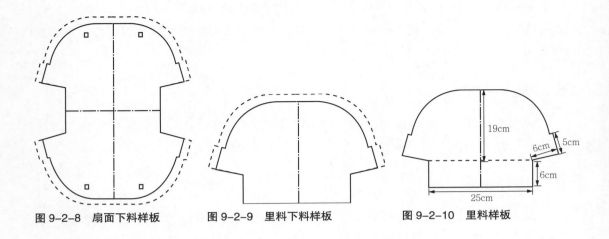

图 9-2-8　扇面下料样板　　　　图 9-2-9　里料下料样板　　　　图 9-2-10　里料样板

四、里料样板的制作

在白卡纸上复制出1/2的包体净样板。整圈加放8mm的加工量，如图9-2-9、图9-2-10所示。

✍ 课后练习

1. 结合市场流行趋势，并通过网络资讯和相关杂志等查询及分析，设计一款由整块大扇（大面）组成的贝壳包，绘制效果图。
2. 根据所设计的包体效果图，制作包体净样板、下料样板、托料样板、里料样板。
3. 总结由整块大扇（大面）组成的贝壳包包体样板制作要点。
4. 结合实际，优化由整块大扇（大面）组成的贝壳包包体的造型与功能部件。
5. 制作由整块大扇（大面）组成的贝壳包样板时，大扇面（幅面）侧面装拉链距离预留宽度多少合适？并简述其原因。

第三节

整块大扇组成的小型包出格

本节主要讲述由整块大扇（大面）组成的小型包样板的制作。小型包一般是女士或者学生用来作零钱包的。小型包的包体制作方式不同，包体形状也就不同，如圆形状、长方形状、长条状等。

包体上的图案常选用比较可爱的图案，如动画人物或者动物，增加童趣，添加色彩感，同时也扩大了包包的消费人群。小型包体更会把市场、人群的定位放在第一位，如年轻的女性大学生，就会选择比较浪漫的元素和颜色；而成熟女性就考虑做工比较精简、容量较大的包体；造型简单大方，通常颜色选择比较稳重的深色包则成为男士的首选。

小型包的材质的选取与开关方式都有所不同，比如本节所讲述的小型包以菱形格的表面纹理，提高了小型包的质感，给本身简单小巧的小型包增加了现代的时尚气息。一些小型包常配有包带或者手腕带，其材质为皮革材料，也有小型包选择轻量的链条。小型包一般用吸扣的开关方式，或者插扣的方式。小型包复杂的款式也分为包底、堵头，内部加上中隔、贴兜、挖兜等，本节介绍的包体较为简单，是以整块大扇组成的。如图9-3-1所示为整块大扇组成的小型包的包体。

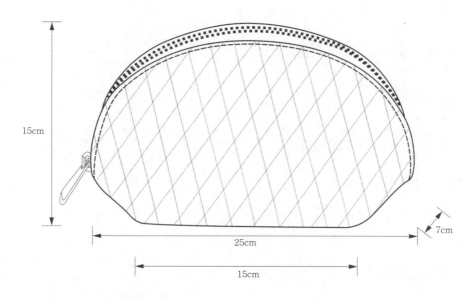

图9-3-1 由整块大扇（大面）组成的小型包线稿图

这款可爱的小型包主要的基础部件为整块大扇，外形有点像贝壳。制作样板时要注意线条流畅光顺、样板的对称性和精准度。

一、包体净样板的制作

1. 大扇面净样板

①在白卡纸上画出十字对称轴。利用对称轴裁剪出一个长为37cm、宽为22cm的长方形，如图9-3-2所示。将长方形的四个角倒圆。

②利用对称轴，在上部和下部分别挖去一个长方形（长×宽为7cm×3.5cm），剩下部分即为大扇面净样板。

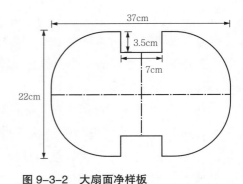

图9-3-2 大扇面净样板

2. 拉链净样板

拉链带齿的长度为25cm，因为在缝制拉链的过程中，拉链的两头会有些下弯，所以拉链样板的长度要比实际需要的长度略长些，定为26~27cm。

如图9-3-3所示为整块大扇组成的小型包包体的拉链样板。

3. 提手净样板

在白卡纸上作出两条长30cm、宽3cm的长方形作为提手的净样板，如图9-3-4所示。

图9-3-3 拉链样板   图9-3-4 提手净样板

二、包体下料样板的制作

1. 大扇面下料样板

在白卡纸上复制出净样板。在包的两边加放8mm的加工余量，开口处无需加放任何合缝量，如图9-3-5所示。

2. 提手下料样板

在白卡纸上复制出提手净样板。在其外圈加放8mm的合缝量。如图9-3-6所示。

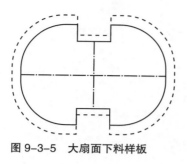

图 9-3-5 大扇面下料样板

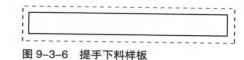

图 9-3-6 提手下料样板

三、包体里料样板制作

1. 大扇面里料样板

在白卡纸上复制出大扇面净样板。在其外圈加放8mm的压茬量，如图9-3-7所示。

2. 提手里料样板

在白卡纸上复制出提手净样板。在其外圈加放8mm的压茬量。如图9-3-8所示。

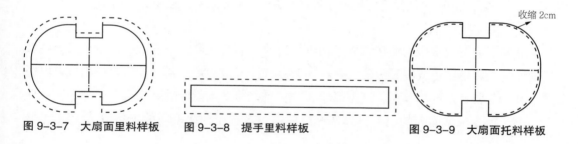

图 9-3-7 大扇面里料样板 　　图 9-3-8 提手里料样板 　　图 9-3-9 大扇面托料样板

四、托料样板制作

在白卡纸上复制出大扇面净样板。在其外圈缩进2mm，如图9-3-9所示。

✎ 课后练习

1. 结合市场流行趋势，并通过网络资讯和相关杂志等查询及分析，设计一款由整块大扇（大面）组成的小型包，绘制效果图。
2. 根据所设计的包体效果图，制作包体净样板、下料样板、托料样板、里料样板。
3. 总结由整块大扇（大面）组成的小型包包体样板制作要点。
4. 结合实际，优化由整块大扇（大面）组成的小型包包体的造型与功能部件。

第四节

整块大扇组成的笔袋出格

笔袋可以用来装笔或其他小型文具，不仅是学生的必备文具，作为写字楼上班族用来归纳笔、橡皮擦等文具也是很有必要的。笔袋比文具盒携带更方便，手感更舒服，更省空间，做到以最小的空间装最多的东西，能利用起更多的细小空间。笔袋多用布料或熟胶制成，可以水洗，不会生锈，且容量超过笔盒，而且便于携带。由于生活的个性化，每个人都希望与众不同，加上追求便利，越来越多的学生青睐笔袋，笔袋已经成为消费者喜爱的文具用品之一。

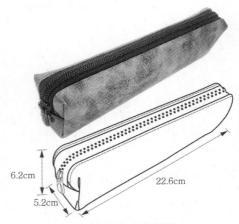

图 9-4-1 整块大扇组成的笔袋

笔袋在造型上常根据消费者的类别进行设计，消费人群为小学生的，设计师会在颜色设计上选择粉红色或者天蓝色，并且图案会选择一些动漫角色；而给大学生或者办公室人员的笔袋大多选择单色，造型简单大方；有些给女生设计的笔袋会有碎花布艺的元素。设计师会依据面向的消费群体选择材质，大多选用档次不同的天然皮革、PU革、帆布、牛津布等。

笔袋造型有长方形、圆柱形和异体形等，本节这款笔袋，开关方式为拉链，采用整块大扇面组成，如图9-4-1所示。

这款笔袋的长×宽×高为22.6cm×5.2cm×6.2cm。制作样板时注意样板的精准度，样板左右上下同时对称。

一、包体净样板的制作

1. 大扇面净样板

①在长纸上画出十字对称轴线。裁剪出一个长方形，长为28.4cm，宽为16.8cm（宽笔袋容量也大）。

②在28.4cm×16.8cm的长方形上挖去4个4.2cm×2.9cm的小长方形，如图9-4-2所示。

2. 拉链净样板

裁出一个拉链的长度，长度可以定为和笔袋上下边一样长（28.4cm），也可以稍微长一些，为29cm，如图9-4-3所示。

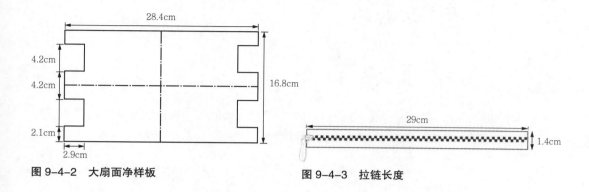

图 9-4-2　大扇面净样板

图 9-4-3　拉链长度

二、包体下料样板的制作

①在白卡纸上复制出大扇面下料样板，无需加放任何合缝量，如图9-4-4所示。

②因为拉链的宽度留出来的是1.6cm左右，刚好补给上口折边的宽度。

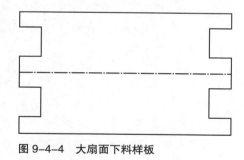

图 9-4-4　大扇面下料样板

✎ 课后练习

1. 结合市场流行趋势，并通过网络资讯和相关杂志等查询及分析，设计一款由整块大扇（大面）组成的笔袋，绘制效果图。
2. 根据所设计的笔袋效果图，制作包体净样板、下料样板、托料样板、里料样板。
3. 总结由整块大扇（大面）组成的笔袋样板制作要点。
4. 结合实际，优化由整块大扇（大面）组成的笔袋造型与功能部件。
5. 根据此款笔袋制作方法，自行设计一款笔袋并进行制作，分析并讨论几种方法的优缺点。

第十章

前后扇面组成的包体出格

✏ 本章提要

　　本章主要讲授由前后扇面（幅面）组成的包体样板制作：包括男包样板制作、女包样板制作，学生包样板制作、小型包样板制作。

✏ 学习目标

　　1. 认识和理解由前后扇面（幅面）组成的包体结构特征。
　　2. 理解和熟悉由前后扇面（幅面）组成的包体样板制作的原则和要求。
　　3. 掌握由前后扇面（幅面）组成的包体样板设计，并具有一定的包体部件造型变化能力。

　　由前后扇面组成的包体较由整块大扇组成的包体结构稍微复杂一点。由前后扇面组成的包体，顾名思义，就是主要基础部件为前扇面与后扇面。

　　由前后扇面组成的包体设计简约大方，样板制作数量较少，由于没有堵头，大部分的包体主要采用手缝的方式制作。手缝工艺在我国有着悠久的历史，因其有很强的实用性而流传，已成为生活中不可缺少的部分，手缝工艺会增加整体包包的价值，提高包体的质感与手工的表现。

　　本章介绍四款较典型的由前后扇面组成的包体，包括男包、女包，也有大包、小包。男包一般分为休闲包、手拿包、手提包、钱夹包、卡夹包；女包一般分为休闲包、运动包、单肩背包、钱夹包。

　　由前后扇面组成的女包属于偏休闲运动风格，容纳量都比较大，包体制作相对简单方便，包身大方精简，不同材料的运用使其时尚现代感也会不同。由前后扇面组成的小型钱夹包与第五章讲述的小型男士钱包有很多不同，具体在下文中介绍。

第一节

前后扇面组成的男包出格

　　男士对包的需求，着重强调上乘的品质，以质地考究、做工精良为标准。

　　男士手包、挎包在类别上丰富多彩，造型感变化多样。每一种由前后扇面组成的包相对于其他的包体容纳量会小很多，更多的是用来做衣物的配饰，并不能起到大容量的容纳作用，不适合做远行背包，只适合在简单的逛街、吃饭时候搭配使用。一般款式可以选用比较有质感的、单色的，或者有纹路的皮革。值得一提的由于男士包袋的重复使用率较高，因此需要一包搭配多种衣装，黑色、灰色、棕色等深色系自然成为首选。

　　男包的款式相对于女包的设计更粗犷，运用的元素也比较广，本节的这款男包运用了"牛头"这一元素，表现了

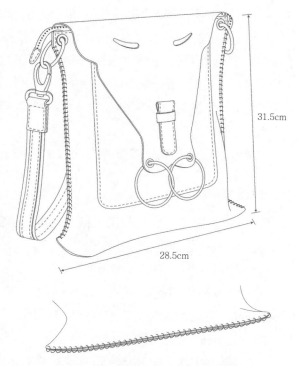

31.5cm

28.5cm

图 10-1-1　由前后扇面（幅面）组成的包体

一种狂野的感觉，再加上钩扣的装饰，使整个包的设计更加大方。此款男士包的前后扇面主要运用了手缝工艺制作（图10-1-1）。材质选择天然皮革，例如牛皮植鞣革。选择天然皮革的好处就是光边不经过油边、折边等工艺，提高整体皮具的档次，所以植鞣皮革成为首选。手缝的工艺制作方式增加了整体包的手工特色，更能贴切此款男包的野的特性。装饰扣、功能件的增加更呼应了此款包包的特点。

　　此款包基础部件为扇面，样板制作从基础部件开始。包体长×宽为28.5cm×31.5cm。样板制作时需要注意几点：①许多棱角、线条没有确切的数据参考，只要保证将其棱角根据设计图修规整，线条保证流畅，整体美观即可。②设计样板时，在倒圆、修边时候一定要在最先给出的数据中进行修正，使最后制作出的样板设计合理，修正量不能过大。

1. 扇面净样板

①在白卡纸上画出利用垂直对称轴作出一个长方形（长×宽为28.5cm×31.5cm）。

②根据包体的形状将扇面上长缩短至27cm。

③将长方形下部两个直角进行倒圆处理（此处的倒圆与之前不同，根据图10-1-2所示形状进行倒圆，此圆弧有一定的线条感，主要保持线条流畅，与图几乎一致即可）。

④对上部线条做小部分处理（保持线条美观、流畅即可）。

⑤距边1.5cm，确定鸡眼的位置。

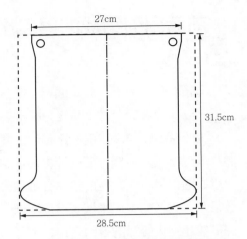

图10-1-2　前、后扇面（幅面）净样板图

2. 包盖净样板

包盖可以连后扇面一起出纸格，也可以单独出纸格。单独出纸格，如图10-1-3所示，图10-1-4为包盖连后扇面净样板。

①画出垂直对称轴。

②画出一个倒梯形，其上长27cm，下长10cm（由于要画出"牛鼻子"的部分，下角倒圆需要消耗一定量，若不能保证倒圆后下长有10cm，可以适当在两边各放出5cm左右），高24cm。

③根据牛头的图案并且利用垂直对称轴画出"牛头"包盖、"牛眼睛"、"牛鼻孔"（保证线条流畅、美观，在梯形内不要过大过小即可）。

注：若做成如图10-1-4的包盖连后扇面的方式，步骤原理同上。

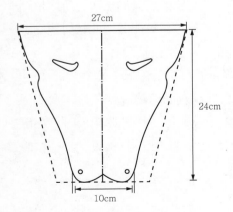

图 10-1-3　包盖净样板

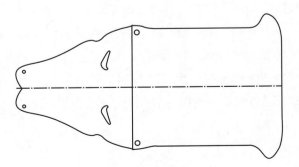

图 10-1-4　包盖连后扇面净样板

3. 前扇面贴兜净样板

①复制包体净样板，在样板中部画出一个长方形（长×宽为23cm×24.5cm），如图10-1-5所示。

②将长方形下部的两角倒圆。

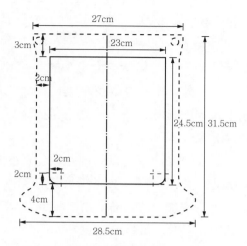

图 10-1-5 前扇面贴兜净样板

课后练习

1. 结合市场流行趋势，并通过网络资讯和相关杂志等查询及分析，设计一款由前、后扇面（幅面）组成的男包，绘制效果图。

2. 根据所设计的包体效果图，制作包体净样板、下料样板、托料样板、里料样板。

3. 总结由前后扇面（幅面）组成的男包包体样板制作要点。

4. 结合实际，优化由前后扇面（幅面）组成的男包包体造型与功能部件。

第二节

前后扇面组成的女包出格

由前后扇面组成的女包在造型设计上注重经典，本节中的这款女士包设计则为简约大方型，由图10-2-1可见，此款女包样板较少，整体感觉精简干练，包体的尺寸显示可以放下笔记本，属于大容量的包体。

这款包包的样板主要有前、后两块扇面样板加上手提样板，前、后扇面为基础部件。这种女包会附带一个小包，小包可以单独使用，也可以放在大包中当零钱包使用。小包通常也会用结构相同的包体，即包体结构也是由前后扇面组成的。

本节介绍的这款女包消费人群主要是都市上班族。材料选择上不宜过薄，其主要原因是容量大，放的东西比较多、比较重，轻薄的布艺材料承受力没有皮类材料承受力大。另外，比较厚的皮革类材料才能撑起整个包体的形状，才会使整个包体定型，使包形美观立体。

根据设计图可以看到此款包包的包身手提处有"工"字形的缝线，既可以给本身精简的包身增加一点特殊设计，又可以增加提手的牢固程度，如图10-2-1所示。

前后扇面组成的女包上长50cm、下长34cm、侧面宽16cm、高31cm，"工"字的横向车线长度为2cm，竖向车线长度为3cm，包带长×宽为54cm×6cm。制作样板时主要要求线条的光顺美观。

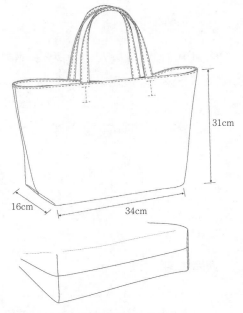

图 10-2-1　前后扇面组成的女包

一、净样板制作

1. 前后扇面净样板

①在卡纸上画出十字对称轴线，裁剪出一个长50cm、宽31cm的长方形。

②在对称轴上距长方形底边38cm处定一点，将该点与长方形上部两端连接成弧线。

③在长方形下部两端分别挖去两个正方形（8cm×8cm）。

④"工"字的宽为2cm，高为3cm。"工"字距包体上边边距为1cm，距对称轴7cm。

2. 包上口贴边样板

①在白卡纸上画出垂直对称轴和一个长方形。

②在垂直对称轴上距底边4cm定一点，连接该点与长方形上部的两个端点，形成圆滑弧线。

③长方形下部底边各缩进1.5cm处打上剪口，如图10-2-3所示。

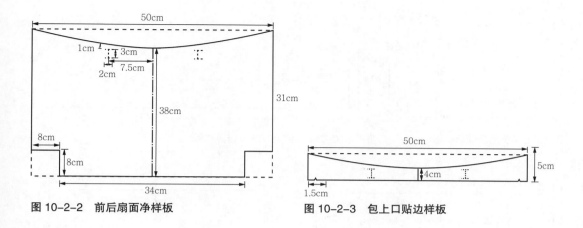

图 10-2-2 前后扇面净样板

图 10-2-3 包上口贴边样板

二、划料样板制作

1. 扇面划料样板

在白卡纸上复制出扇面的净样板。以标准样板为基础整圈加放8mm，即为扇面划料样板，如图10-2-4所示。

2. 包上口贴边划料样板

在白卡纸上复制出包上口贴边的净样板。整圈加放8mm，则为包上口贴边样板划料样板，如图10-2-5所示。

3. 里样板的制作

复制出扇面的净样板。减去包上口贴边样板。在周边放出6mm，即为里样板，如图10-2-6所示。

4. 小包净样板制作

①在白卡纸上画出十字对称轴。利用十字对称轴画出一个长方形（此矩形的长×宽为20cm×13cm）。

②对长方形下部两角进行倒圆处理（即距边1cm确定圆心，以1cm为半径画弧），如图10-2-7所示。

5. 小包扇面下料样板

复制出小包标准样板。整圈加放8mm合缝量，则为包上口贴边样板划料样板，如图10-2-8所示。

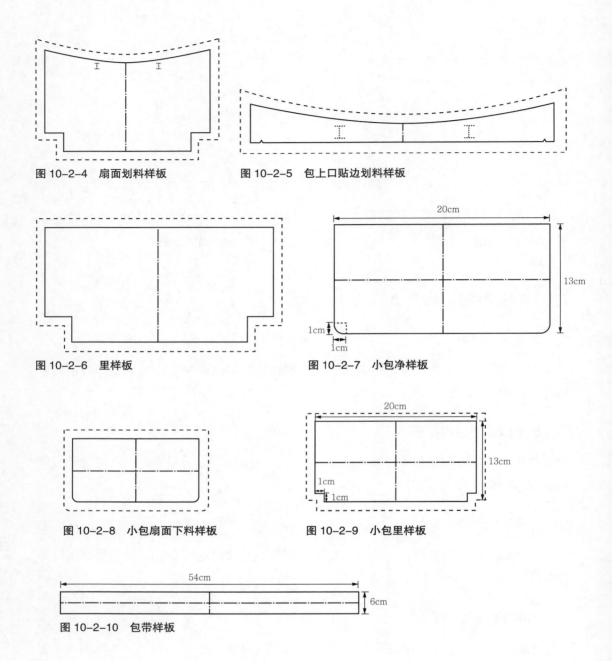

图 10-2-4　扇面划料样板

图 10-2-5　包上口贴边划料样板

图 10-2-6　里样板

图 10-2-7　小包净样板

图 10-2-8　小包扇面下料样板

图 10-2-9　小包里样板

图 10-2-10　包带样板

6. 小包里样板制作

在白卡纸上复制出小包标准样板。在此基础上整圈加放6mm，如图10-2-9所示。

7. 包带

在白卡纸上画出十字对称轴。利用十字对称轴画出长方形（此长方形长×宽为54cm×6cm），如图10-2-10所示。

✎ 课后练习

> 1. 结合市场流行趋势，并通过网络资讯和相关杂志等查询及分析，设计一款由前后扇面（幅面）组成的女包，绘制效果图。
> 2. 根据所设计的女包效果图，制作包体净样板、下料样板、托料样板、里料样板。
> 3. 总结由前后扇面（幅面）组成的女包包体样板制作要点。
> 4. 结合实际，优化由前后扇面（幅面）组成的女包包体造型与功能部件。
> 5. 思考并讨论本节讲述的手袋手把固定处"工"字形缝线的作用。
> 6. 根据材料选用知识，讨论此款包包的材料选择原则。

第三节

前后扇面组成的学生包出格

每种包适合的人群都不一样，本节介绍的学生包整体给人的感觉比较偏休闲运动风格，之所以称其为学生包，原因是此款包体的款式消费人群主要是学生。由于学生的书籍课本比较多，所以大部分学生包容量会设计得比较大。学生包制作工艺有接拼，包括材料的接拼，颜色的接拼。如果做拼色一般会采用黑白、白灰这样比较低调的颜色。也会根据自己品牌的特色做出典型的配色。

本节介绍的包包内部设计十分简单，但是如果想设计得更加实用复杂，可以根据前面的所学知识自行制作样板，一般可以在内部添加中隔、挖兜、贴兜、手机袋、卡包袋，或者增加可以分开使用也可以一起使用的小型零钱包。外部的设计较上一款女包更丰富，在包底两边做了三角形的设计。

本节介绍的学生包可以手提，可以单肩背，可以斜挎背。这款包包的样板制作难度稍微加大，样板数量也稍微增多，当然在工艺上也会稍微复杂一些。这款包体的主要部件为前扇面、后扇面、手提包带、背包背带，开关方式可以是吸扣式和拉链式，如图10-3-1所示。

学生包的样板主要由前后扇面、两个手提和一个肩带组成。包体长×宽为34cm×18cm。制板时需要保证线条的流畅性与准确度。

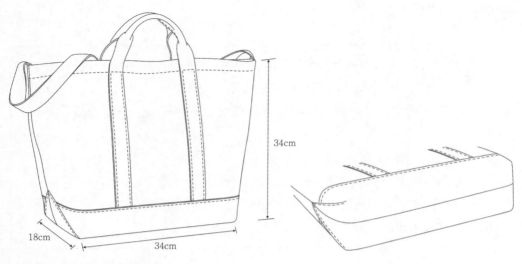

图 10-3-1 前后扇面组成的学生包

一、净样板制作

1. 扇面的上半部分净样板

　　①在白卡纸上画出十字对称轴。作出一个大的长方形（长×宽为54cm×34cm），在上边长两端各减去3cm处定点A、B。

　　②在长方形下部两端各减去一个直角三角形，三角形长10 cm，高10cm，形成C、D点。

　　③距下边7cm画一水平线，形成E、F点，如图10-3-2所示。

　　④连接A、C、E、F、D、B，形成样板。

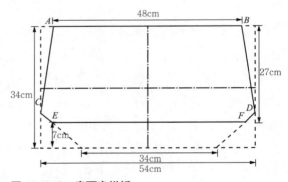

图 10-3-2 扇面净样板

2. 扇面底部净样板

　　在白卡纸上作出一个长方形（长×宽为7cm×54cm），在水平轴上两边各缩进10cm定为A、B点，即AB=34cm，距O点向上量取7cm，作水平轴的平行线，得到C、D点，连接C、A、E、F、B、D，如图10-3-3所示，为前后扇面组成的学生包的包体的底部净样板。

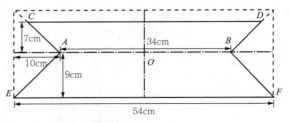

图 10-3-3 底部净样板

3. 包口贴边净样板

在白卡纸上作出一个长方形（长×宽定为48cm×3.5cm），即为包口贴边，如图10-3-4所示。

图 10-3-4 包口贴边净样板

二、下料样板制作

1. 扇面的上半部分下料样板

将扇面上半部分的净样板复制在白卡纸上。将其加8mm的放余量，即为扇面的上半部分下料样板。如图10-3-5所示。

2. 扇面的底部下料样板

将扇面下半部分的净样板复制在白卡纸上。将其加8mm的放余量，即为扇面底部下料样板，如图10-3-6所示。

3. 包口贴边下料样板

将包口贴边的净样板复制在白卡纸上。将其加8mm的放余量，即为包口贴边下料样板，如图10-3-7所示。

三、里料下料样板制作

将净样板复制在白卡纸上。将其加8mm的放余量，如图10-3-8所示。

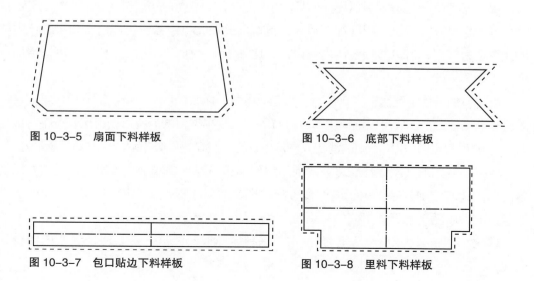

图 10-3-5 扇面下料样板

图 10-3-6 底部下料样板

图 10-3-7 包口贴边下料样板

图 10-3-8 里料下料样板

✐ 课后练习

1. 结合市场流行趋势，并通过网络资讯和相关杂志等查询及分析，设计一款由前后扇面（幅面）组成的学生包，绘制效果图。
2. 根据所设计的学生包效果图，制作包体净样板、下料样板、托料样板、里料样板。
3. 总结由前后扇面（幅面）组成的学生包包体样板制作要点。
4. 结合实际，优化由前后扇面（幅面）组成的学生包包体造型与功能部件。
5. 根据第六章第二节、第三节所学内容，比较女包和学生包，简述两款包的相似之处与不同之处。

第四节

前后扇面组成的小型包出格

本节主要讲述由前后扇面（幅面）组成的小型包样板制作，以典型的小型手拿包为例。

此款小型手拿包里有挖兜、中隔、贴兜，可以放进手机、零钱、卡等，相对于钱包，此款小型包的内部容量大。在小型包外部的两侧加耳仔与D字扣，在一边设计龙虾扣连接手环带。一般这种小型包可以适合单独使用，例如去市场、超市购物，或者夜宵、逛街，可以将手机、钥匙等都放入；也可以放在大包中当钱包使用。如果想让内部设计得更为实用，可以增加包体内部设计，比如增加手机袋、卡袋等，甚至可以增加背带、手带等。

小型包的颜色搭配比较多元化，一般选择单色。此款包包不是特别适合做拼接。材料的选择也比较多，一般可以选择皮革、帆布等。此款小型包的消费市场也比较宽裕，根据不同的颜色搭配也可以给不同的消费人群使用，但一般在妈妈级年龄的人群销售量最好。

此款小型包的样板设计较之前的前后扇面的包体样板制作难度稍微提升，主要原因是内部设计较之前复杂。由于内部多了隔、兜，所以样板数量也增加了。如图10-4-1所示为前后扇面（幅面）组成的小型包。

这款小型包长为24cm，宽为13cm。在制作样板时注意一定要保证线条的流畅、美观。

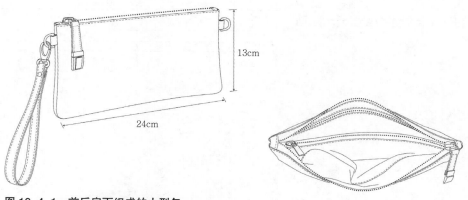

图 10-4-1 前后扇面组成的小型包

一、净样板制作

1. 扇面净样板

①在白卡纸上画出垂直对称轴。

②利用垂直对称轴，作出一个梯形，其上长23cm，下长24cm，高13cm。

③将其下面两个角倒圆。

如图10-4-2所示为前后扇面组成的小型包的包体的扇面净样板。

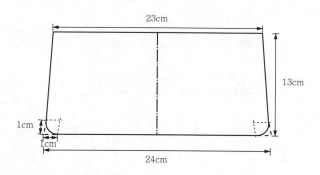

图 10-4-2 扇面净样板

2. 扇面挖兜样板

①在白卡纸上复制扇面净样板。

②在扇面净样板的基础上，距上边向下2cm作一水平线，该水平线与梯形两边的交点为*A*、*B*。从*A*、*B*分别向里1.5cm定为*C*、*D*点，以*CD*边为长，高为4.2cm，作一个小长方形。如图10-4-3所示为前后扇面组成的小型包包体的扇面挖兜样板。

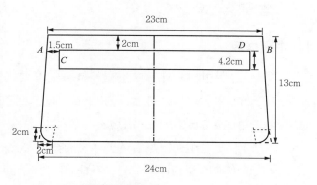

图 10-4-3 扇面挖兜样板

3. 挖兜托料样板

①在白卡纸上画出十字对称轴。

②利用十字对称轴，作出一个长方形（长×宽为22cm×4.2cm）。

③距离长方形各边缩进1.4cm，作出一个小长方形，如图10-4-4所示。

④挖去中间的小长方形，剩下部分为挖兜托料样板。

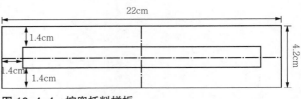

图 10-4-4　挖兜托料样板

二、下料样板

1. 扇面下料样板

在白卡纸上复制出扇面净样板。在此周围加放8mm的折边量，如图10-4-5所示。

2. 扇面挖兜下料样板

在白卡纸上复制出扇面挖兜净样板。在此周围加放8mm的折边量，如图10-4-6所示。

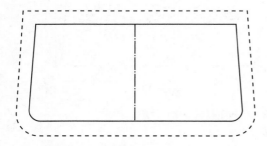

图 10-4-5　扇面下料样板

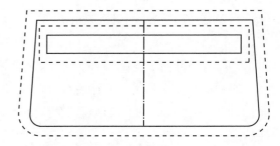

图 10-4-6　扇面挖兜下料样板

三、里料样板

1. 中隔样板

中隔一般用里料制作，中隔里料样板的高要比包体扇面样板的高少2cm，左右两边各减少0.5cm。中隔样板的上长为22cm，两边各加放8mm的缝合量，中隔样板的下长为23cm，两边各加放8mm。底边不与包体结合，中隔一般为双层。

①在白卡纸上作互相垂直的两条对称轴。

②以对称轴的交点O为中心，在纵向对称轴向上、向下各量取11cm定为A、B点，在横向对称轴上向左右两边各量取11.5cm，定为C、D点，作两条与横向对称轴平行的

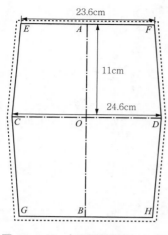

图 10-4-7　中隔划料样板

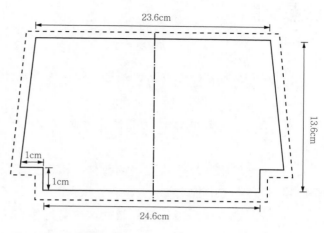

图 10-4-8　里样板

平行线，取$AE=AF=11$cm，同理取$BG=BH=11$cm，分别连接E、F、G、H，得中隔净样板。

③在左右两侧加放8mm的量（即中隔划料样板的上长为23.6cm，下长为24.6cm），如图10-4-7所示。

2. 包体里料样板

在白卡纸上复制出扇面样板。在下部各裁掉一个直角梯形，在每边加放6mm的量得到里样板，如图10-4-8所示。

📝 **课后练习**

1. 结合市场流行趋势，并通过网络资讯和相关杂志等查询及分析，设计一款由前后扇面（幅面）组成的小型包绘制效果图。
2. 根据所设计的小型包效果图，制作包体净样板、下料样板、托料样板、里料样板。
3. 总结由前后扇面（幅面）组成的小型包包体样板制作要点。
4. 结合实际，优化由前后扇面（幅面）组成的小型包包体造型与功能部件。

参考文献

1. 刘霞，张雷，王立新，张彤. 箱包设计与制作工艺［M］. 第二版. 北京：中国轻工业出版社，2001.

2. 王立新. 箱包设计与制作工艺［M］. 第二版. 北京：中国轻工业出版社，2004.

3. 凌静. 职业技能短期培训教材：箱包制作［M］. 第二版. 北京：中国劳动社会保障出版社，2012.

4. 叶兰辉. 皮具设计系列教材：包装出格高级教程［M］. 第二版. 广州：华南理工大学出版社，2014.

5. 童晓谭. 箱包CAD应用教程［M］. 第二版. 北京：中国纺织出版社，2011.

6. 叶兰辉. 皮具设计系列教材：包装手绘设计基础［M］. 第二版. 广州：华南理工大学出版社，2013.

7. 王妮. 包袋效果图手绘表现技法［M］. 第二版. 北京：化学工业出版社，2015.

8. 曾琦. 流行包装设计基础［M］. 第二版. 北京：中国轻工业出版社，2011.

9. 李春晓. 包袋设计［M］. 第二版. 上海：上海人民美术出版社，2013.

10. 姜沃飞. 皮具行业应用系列图书：包袋版房师傅［M］. 第二版. 广州：华南理工大学出版社，2014.

11. 杨贤艺. 素描［M］. 南京：南京大学出版社，2010.